DÉFENSE

DES

COLONIES.

II.

INCOMPATIBILITÉ ENTRE LE SYSTÊME DES PLIS ET LA RÉALITÉ DES FAITS MATÉRIELS.

PAR

JOACHIM BARRANDE.

> Vos colonies ont glorieusement gagné du terrain.
>
> W. Haidinger.

Chez l'auteur

à Prague
Kleinseite, Nr. 419, Choteksgasse.

à Paris
Rue Mézière Nr. 6.

11 février 1862.

IMPRIMERIE DE CHARLES BELLMANN À PRAGUE.

TABLE DES MATIÈRES.

CHAPITRE I.

Introduction. — Protestations.

Le mémoire, les cartes et les profils de M. le conseiller aux mines et géologue en chef impérial Lipold viennent de paraître. *(Jahrb. k. k. R. A. XII. Janvier 1852.)*

L'ensemble des documens dirigés contre nos colonies étant maintenant sous les yeux du public savant, il serait inopportun de continuer les descriptions isolées des divers groupes d'enclaves, que nous avons annoncées au 25 novembre 1861, en décrivant notre *groupe probatoire*.

Nous allons, au contraire, pénétrer immédiatement jusqu'au fond de la question débattue, en faisant apprécier à la fois le système de M. Lipold, dans sa base et dans son essence.

Dans ce but, nous démontrerons aujourd'hui:

1. Que la base fondamentale, sur laquelle repose toute la conception des plis, est une pure fiction, en contradiction manifeste avec les faits matériels.

2. Que les prétendus plis de M. Lipold sont incompatibles avec les mêmes faits.

Nous arriverons à ces conclusions en constatant seulement l'existence de certains faits, parmi lesquels quelques uns sont évidemment connus de nos contradicteurs, tandisque les autres ont été jusqu'ici ignorés par ces deux géologues.

Les faits que nous allons invoquer aujourd'hui sont d'ailleurs si patens par leur nature, et sont exposés dans des localités si accessibles, qu'ils peuvent être immédiatement vérifiés par tout observateur, sans autre information de notre part.

En démontrant par ces preuves simples et palpables, l'inanité de la conception des plis, nous sommes dispensé, pour le moment, d'entrer dans l'examen détaillé de toutes les apparences, soit stratigraphiques soit purement graphiques, sur lesquelles M. Lipold appuie son système. En faisant ainsi abstraction des faits secondaires, sur lesquels ces apparences peuvent être plus ou moins fondées, nous n'infirmons en rien nos conclusions, car elles sont complétement indépendantes de cet ordre de faits.

Mais, s'il nous est impossible aujourd'hui de discuter tous les faits secondaires, qui sont en connexion avec la question des colonies, nous nous réservons d'en faire l'objet d'un travail spécial. Ce travail exigeant une carte, des sections nombreuses et la description détaillée de chaque localité, ne peut être exécuté par nous qu'au moyen d'un temps convenable. Nous allons donc nous en occuper avec activité, mais sans précipitation, car nous comptons le soumettre à l'examen des savans avec la même confiance que tous nos travaux antérieurs.

En attendant, nous constatons que la lecture du mémoire de M. Lipold n'a modifié en rien la déclaration que nous avons déjà publiée, au sujet de sa carte et de ses profils. Nous la reproduisons donc littéralement:

„Pour nous, qui avons à remplir le devoir inexorable que nous impose la sincérité de nos convictions et la défense de la vérité, nous éprouvons le plus vif regret d'être, malgré nous, dans la dure nécessité de déclarer au monde savant, que le travail de M. Lipold, loin d'être digne des louanges et de l'admiration de M. Haidinger, est entaché d'inconcevables négligences, de graves erreurs et de licences inouïes, qui ont fourni une forte part des élémens constituant les prétendus plis de ce géologue.

„Ainsi, les résultats d'une telle exploration, bien qu'ils nous soient annoncés sous la double garantie d'un conseiller aux mines appliquant la *Markscheidekunst*, et d'un géologue en chef exerçant la stratigraphie, ne sauraient avoir aucun poids dans la question des colonies, qui exige une *véritable exactitude.*" (Défense I. p. 19.)

A l'appui de cette déclaration, nous voulons présenter aujourd'hui nos protestations et observations générales, au sujet de la carte Pl. I. de M. Lipold, constituant avec les profils qui l'accompagnent, les documens les plus importans parmi ceux qui viennent d'être publiés. Nous examinerons donc brièvement cette carte, d'abord sous le rapport géologique et ensuite sous le rapport purement topographique.

A. Sous le rapport géologique.

Dans notre publication précédente, nous avons vivement insisté, à plusieurs reprises, pour que la carte et les profils de M. Lipold fussent publiés dans leur intégrité primitive, c. à d. tels qu'ils sont sur le calque qui nous a été officiellement communiqué, le 31 octobre 1860. Sous ce rapport, notre voeu n'a point été accompli, car nous voyons que la carte publiée par M. Lipold diffère notablement du calque identique avec sa carte originale. Ainsi, ce qui représentait, en 1860, les résultats d'opérations géométriques faites par les procédés de la *Markscheidekunst*, ne s'est plus trouvé assez exact en 1862, pour être reproduit aux yeux du public. Mais nous nous empressons de constater, que les différences entre ces deux reproductions successives du même document, constituent une première concession et un premier pas vers la réalité.

Ce premier pas consiste principalement dans les réductions que M. Lipold a opérées sur les dimensions des enclaves isolées, au moyen desquelles il veut établir la connexion entre ses prétendus plis continus du Sud-Ouest, et nos deux colonies *Haidinger* et *Krejči.* Ces enclaves, au nombre de sept, ont été surtout réduites dans le sens de leur longueur, et pour celles de Solopisk et Wonoklas cette diminution s'élève à la moitié de leur étendue indiquée sur le calque de 1860.

Nous pouvons croire, que nos observations du 25 novembre 1861 n'ont pas été sans influence sur ces modifications inattendues, après les protestations d'une si rare exactitude. Ainsi, pour le lambeau de trapp de Wonoklas, nous avons fait remarquer en passant (I p. 27), que M. Lipold lui donnait sur son calque de 1860, une longueur de 1,200 mètres et une largeur maximum de 150 mètres. Or, sur la carte de 1862, la longueur du même lambeau est réduite à 600 mètres, et sa largeur à 50 mètres. Mais la première de ces indications paraîtra encore bien loin de l'exactitude géométrique, si l'on remarque, que ce trapp étant à peine visible sur un mètre de longueur, la dimension qui lui reste sur la carte est environ 600 fois au dessus de l'étendue réellement constatée. A cette occassion, nous ferons aussi observer, que le lambeau en question n'est nullement enclavé dans les quartzites, comme on pourrait le croire, d'après le profil *KK'* de M. Lipold.

Cet exemple nous dispense de passer en revue toutes les autres localités où M. Lipold a opéré des réductions. Nous ajouterons seulement qu'à Czernoschitz (Černošitz) où ce géologue en chef figure trois enclaves, les modifications subies par les deux principales changent notablement les apparences de ce groupe très-important, que nous aurons encore à mentionner, ci-après, dans le chap. IV.

Il reste donc constaté que, dans la moitié Nord-Est de la carte de M. Lipold, c. à d. entre Gross-Kuchel (Kuhel) et Wonoklas, les indications du calque de 1860 ont été modifiées d'une manière notable autant que louable, en 1862. Il reste cependant encore beaucoup à faire dans le même sens, pour arriver à la réalité.

Malheureusement, aucune modification de la même nature n'a eu lieu dans la moitié Sud-Ouest de la même carte, entre Wonoklas et Litten, c. à d. dans la contrée où les prétendus plis sont dits continus. Cependant, il y avait là plus qu'ailleurs ample matière à des réductions analogues à celles que nous venons de signaler. Mais, on conçoit que M. Lipold avait rendu d'avance toute modification de ce genre impossible, ou extrêmement difficile, en proclamant dès 1860 le fait de la soi-disant continuité de ses plis, dans cette contrée. Comment introduire la discontinuité dans la continuité?

Ainsi, sous ce rapport, la carte de 1862 reproduit exactement le calque de 1860.

Seulement, dans une note insérée au bas de la page 23 du mémoire, et relative aux documens graphiques, M. Lipold s'exprime ainsi:

„Il est bien entendu que sur la carte Pl. I et sur les profils, la puissance et la largeur de chacune des formations ne sont pas exactement figurées d'après l'échelle, mais qu'elles sont le plus souvent très amplifiées, afin de rendre la carte et surtout les profils plus distincts. D'ailleurs, l'échelle de la carte étant très petite, il aurait été impossible de figurer la puissance de quelques toises. Ainsi, l'échelle ne peut être appliquée qu'au terrain, en général, et non aux données géologiques."

Il nous semble que lorsque un lecteur impartial arrive à la page 23 du texte, après avoir lu environ les trois quarts des descriptions du terrain, tout en les complétant par l'étude simultanée de la carte, il ne peut s'empêcher de se demander comme nous:

Que reste-t-il donc de la rare exactitude d'un levé géométrique par les procédés de la *Markscheidekunst*, lorsque les formations sont figurées sans égard pour aucune échelle, aussi bien sur la carte que sur les profils?

Il est clair que, dans une largeur donnée et relativement étroite, comme celle de la zone des colonies, on ne peut élargir à volonté certaines formations, qu'en retrécissant en raison inverse les formations contigues. Ainsi, par cette double altération, tous les rapports entre ces formations et l'apparence géologique du terrain sont défigurés dans le sens horizontal.

En second lieu, ces données altérées servant de base à la construction des profils, tous les rapports entre les mêmes formations, dans le sens vertical, se trouvent également défigurés. Il ne reste donc, à la place de la réalité, que l'expression des idées préconçues de l'explorateur.

Remarquons de plus, que la note de la page 23, en nous parlant de la largeur et de la puissance *très amplifiées* des formations, ne nous dit pas un mot de l'amplification de leur longueur, ni des raccordemens et annexions, au moyen desquels la prétendue continuité des plis a été obtenue sur la carte de M. Lipold.

Nous protestons donc, non seulement contre ces amplifications démesurées de la largeur de certaines formations, mais nous protestons encore plus hautement contre les prolongemens arbitraires, par centaines et par milliers de mètres, qu'ont subis les plus importantes d'entre elles, c. à d. les coulées de trapp. Sous le rapport de ces prolongemens, la carte générale de détail, de M. M. Krejči et Lipold, 1860, proteste avec nous contre la carte spéciale de M. M. Lipold et Krejči, 1862.

Nous protestons en particulier contre les courbes fermées, raccordant ensemble des coulées placées sur divers horizons et tendant à faire croire que, dans l'étendue des prétendus plis continus, les trapps forment trois horizons superposés et correspondant à ceux que M. Lipold figure dans le voisinage, à la base normale de notre étage *E*.

Nous protestons, en un mot, contre toutes les apparences graphiques, qui ont été substituées à la simple réalité des faits, qu'on devrait s'attendre à trouver fidèlement et même minutieusement figurés, surtout dans une carte officielle, pour laquelle on réclame toute la confiance publique.

B. Sous le rapport topographique.

Nous sommes obligé d'appeler l'attention des savans sur l'exécution purement topographique de la carte Pl. I de M. Lipold, à cause de son intime connexion avec la représentation des faits géologiques.

M. Lipold nous dit p. 11:

„Comme la carte Pl. I est une copie des cartes originales du levé de l'Etat major, et qu'ainsi elle peut prétendre à une parfaite exactitude, sous le rapport du terrain, elle me dispensera dans la suite de déterminer en détail chaque point particulier, puisque cette position est sans cela exactement visible sur la carte."

Il est constant que la carte originale de l'Etat major autrichien, levée à l'échelle de $^1/_{28800}$ et que M. Lipold affirme avoir copiée, est un vrai modèle d'exactitude. Cette carte, réduite à un cinquième, c. à d. à l'échelle de $^1/_{144000}$ dans des feuilles livrées au public, est très fidèlement reproduite, sauf l'omission de quelques petits détails, faute d'espace.

Or, la carte Pl. I de M. Lipold ne ressemble en rien à ces admirables modèles, car sur la zone étroite qu'elle représente, nous constatons le déplacement, le défigurement et même la disparition totale de certaines localités, ou villages importans.

1. Pour nous convaincre des déplacements, prenons pour exemple le village de Lety, situé sur la rive gauche de la Béraun.

Sur la carte réduite de l'Etat-major, le centre de ce village est placé à environ 300 mètres à l'Est du méridien $31^0-55'$, tandisque sur la carte de M. Lipold, il est à environ 200 mètres à l'Ouest du méridien 32^0. En faisant abstraction de la différence entre ces deux méridiens, qui constitue encore une autre erreur de M. Lipold, commune à tous ses méridiens, on voit que le centre du village de Lety se trouve déplacé d'environ 500 mètres, dans le sens de l'Est vers l'Ouest.

Si le déplacement de Lety est sans importance dans les questions géologiques relatives aux colonies, il en est tout autrement des villages immédiatement placés sur la direction des soi-disant plis continus, comme Hinter Trzeban (Třeban), Biélecz (Běleč) et Litten. Or, ces trois villages sont également figurés hors de leur position véritable, mais chacun dans une direction différente, de sorte que leur déplacement ne saurait être attribué à une erreur générale, comme celle que nous venons de signaler pour tous les méridiens.

Remarquons maintenant, que les coulées de trapp, qui jouent le rôle principal dans cette discussion, passent sous le sol de ces villages, ou dans leur voisinage immédiat. Les affleuremens de plusieurs de ces coulées sont très étroits et séparés par des intervalles souvent peu considérables. Ces affleuremens ne se montrent d'ailleurs, que sur des longueurs très réduites.

Ainsi, quand il s'agit de raccorder ces coulées isolées et très distantes, pour figurer les nappes des plis continus, la transposition quelconque des villages avec lesquels leur véritable position est intimément liée, peut amener aisément l'un des affleuremens dans la direction d'un autre, situé sur un horizon voisin, mais géologiquement très différent. C'est là précisément une des erreurs que nous aurons à rectifier.

2. Le défigurement des villages produit de semblables effets. En voici un exemple.

Le bourg de Litten dont la traversée du Nord au Sud est d'environ 800 mètres, présente sur sa surface plusieurs affleuremens de trapp, dont le plus exposé se trouve dans l'enclos du château. En substituant une forme fantastique à la forme naturelle de ce bourg, parfaitement distincte sur les cartes de l'Etat major, et en transposant en outre son centre à quelques centaines de mètres vers le Nord-Est, M. Lipold a réellement fait disparaître tous les points de repère importans que renferme cette localité, et il a rendu toute vérification impossible, avec le seul secours de sa carte. Comment donc reconnaître, qu'il n'a pas raccordé à son gré les trapps de Litten, avec les coulées qui se trouvaient le plus à la convenance de son système?

3. Enfin, outre le déplacement et le défigurement de certains villages, nous avons encore à déplorer la disparition, totale de quelques localités, que la carte originale de l'Etat major et même la carte réduite figurent sur la zône des colonies.

Ainsi, sur la rive gauche de la Béraun presque vis à vis le bourg de Rewnitz (vers le Nord), les deux villages nommés *Rowina* et *v Chaloupkach* ont disparu sur la carte de M. Lipold Pl. I, publiée en 1862. Ce qui rend ce fait plus inconcevable, c'est que Rowina se voit encore sur le calque de 1860. Seulement, nous devons constater, que son centre est transposé d'environ 500 mètres, dans la direction de l'Ouest vers l'Est; c. à d. justement à l'opposé du village de Lety, mentionné ci-dessus comme déplacé de l'Est vers l'Ouest.

Les environs de Litten nous offrent un autre exemple de ce genre.

A quelques centaines de mètres au midi de ce bourg, il existe trois points de repère très précieux, savoir: le cimetière des juifs, l'habitation nommée *na Poušti* et le hameau dit *na Babce*. Tout géologue chargé d'explorer cette contrée eût été très heureux de trouver ces points fixes pour déterminer exactement la position des formations voisines, et il se serait fait un devoir de les conserver sur sa carte, pour offrir à chacun un moyen aisé de vérification. M. Lipold paraît avoir pensé tout le contraire, car il a fait disparaître ces localités, figurées sur la carte originale, soi-disant copiée par lui, et en partie visibles sur la carte réduite de l'Etat major.

Sans insister en ce moment sur ces disparitions, nous ferons seulement remarquer, que chacun de ces deux groupes de localités correspond à une contrée fort importante. En effet, les localités au midi de Litten sont placées précisément à l'origine du prétendu pli synclinal x de M. Lipold, et elles nous serviront à rectifier la position horizontale et la succession verticale des formations employées à la composition artificielle de ce pli.

Le groupe de Rowina et v Chaloupkach est situé dans une région où M. Lipold a raccordé divers affleuremens isolés de trapps, pour figurer le prolongement de ces deux plis synclinaux x et y, vers le Nord-Est. Nous invoquerons donc la position de ces deux villages, en discutant la légitimité de ces prolongemens.

Il est presque inutile de faire remarquer, que certains chemins et cours d'eau qui fournissent également des points de repère très utiles pour les déterminations stratigraphiques, ont été aussi déplacés que les villages, sur la carte de M. Lipold.

Ce géologue officiel a-t-il donc le droit d'affirmer, *que sa carte Pl. I est une copie de la carte originale du levé de l'Etat major, et qu'ainsi elle peut prétendre à une parfaite exactitude, sous le rapport du terrain,* tandis qu'elle est entachée de toutes les grossières incorrections que nous venons de signaler?

Nous considérons une pareille affirmation comme injurieuse envers la carte si parfaite de l'Etat major autrichien et nous protestons contre toutes les inexactitudes géologiques, qui dérivent inévitablement des inexactitudes topographiques de la carte de notre contradicteur.

En finissant ce chapitre, nous déplorons hautement la dure necessité qui nous oblige à publier les protestations qui précèdent, après les avoir vainement présentées à qui de droit, dans nos communications privées. Mais, puisque la providence, en nous amenant, il y a près de trente ans, en Bohême, nous a réservé la faveur non méritée de découvrir dans ce beau pays des faits inattendus et importans pour la science, il nous semble qu'elle nous a imposé en même temps la charge de les maintenir en lumière. Nous acceptons donc humblement cette charge, avec toutes ses contrariétés, sacrifices et peines quelconques.

CHAPITRE II.

Notions stratigraphiques relatives au bassin silurien de la Bohême.

Comme base première et indispensable pour l'intelligence de toutes les considérations qui vont suivre, nous devons mettre sous les yeux de nos lecteurs la série verticale des étages et subdivisions, que nous distinguons dans notre bassin silurien. Cette classification remonte à notre *Notice préliminaire*, publiée en 1846. Elle a été plus développée en 1852 dans notre *Esquisse géologique* et accompagnée par une petite carte ou croquis, et par une section idéale du terrain. *(Syst. Sil. de Bohême I. pp. 56 à 99.)*

Nous mettons en regard de notre classification la nomenclature qu'il a plu à M. Lipold d'y appliquer récemment, en donnant aux diverses formations le nom de l'une des localités où nous avons spécialement signalé leur existence.

Classification des formations

du bassin Silurien du centre de la Bohême.

Selon J. Barrande 1846 –1852. Selon M. Lipold 1860.

divisions	Faunes	Etages		sub-divisions	
Supér.	troisième	schistes culminans	*H*		couches de Hluboček.
		calcaire supérieur	*G*		.... Branik.
		calcaire moyen . .	*F*		.... Koniéprus.
		calcaire inférieur .	*E*	*e 2*	.... Kuchelbad.
				e 1	.... Litten.
Infér.	seconde	quartzites	*D*	*d 5*	.... Kosow.
					... Koenigshof.
				d 4	.... Zahoržan,
				d 3	.... Winice.
				d 2	.... Brda (Brdiwald).
				d 1	. . . Komorau.
					.... Kruschna Hora.
	primordiale	schistes protozoiques	*C*		.... Ginetz.
		azoiques	*B*		Grauwacke de Przibram. Schistes de Przibram.
			A		Schistes argileux primitifs = *Urthonschiefer*.

En comparant les colonnes du tableau ci-dessus, le lecteur reconnaîtra, que notre classification primitive a été maintenue par M. Lipold, en tout ce qu'elle présente de fondamental et d'important. Les noms seulement ont été changés.

Toute la différence que nous devons signaler en ce moment, consiste en ce que dans notre bande *d 5*, couronnant l'étage des quartzites *D*, M. Lipold distingue, sous les noms de *couches de Kosow* et de *couches de Koenigshof*, les quartzites et les schistes de cette bande, comme si ces roches constituaient deux formations tranchées. Nous n'avons pas admis dans nos ouvrages et nous n'admettons pas davantage aujourd'hui cette distinction, parcequ'elle n'existe pas réellement dans la nature. Si, dans quelques localités restreintes, comme le mont Kosow et les environs de Béraun, les deux roches en question occupent deux horizons distincts, c'est un cas exceptionnel en comparaison des faits contraires, que nous observons sur la majeure partie du périmètre de la bande *d 5.*

D'ailleurs, M. Lipold, après avoir défini les couches de Kosow comme composées de quartzites, et les couches de Koenigshof comme composées de schistes, rend lui-même cette distinction illusoire, en reconnaissant, selon nos anciennes indications, que d'un côté, les quartzites alternent avec des couches schisteuses, plus ou moins développées, et que d'un autre côté, la masse schisteuse renferme à son tour des couches plus ou moins répétées de quartzites. *(Jahrb. XII. p. 6.)*

Il est réellement impossible, en beaucoup de cas, de distinguer la formation des quartzites dite *couches de Kosow*, de la formation schisteuse dite *couches de Koenigshof.*

Cette distinction indéterminée, n'étant maintenue par M. Lipold, que dans le but de se ménager, selon les circonstances, la détermination arbitraire, tantôt des couches de Kosow, tantôt des couches de Koenigshof, nous devons la repousser en principe.

De même, dans notre étage calcaire inférieur *E*, M. Lipold sépare, sous le nom de *couches de Kuchelbad*, les calcaires qui forment la partie la plus élevée de cet étage, tandis qu'il donne le nom de *couches de Litten* à la masse complexe des schistes à Graptolites et des trapps, qui constituent la partie la plus basse du même étage *E*. — Selon notre nomenclature, les deux subdivisions correspondantes seraient: *e 2* pour la partie supérieure, *e 1* pour la partie inférieure.

Nous avons montré dans notre *Esquisse géologique*, que ces deux parties de notre étage *E* sont liées par un passage si graduel, et d'une manière si intime, qu'il est impossible d'établir entr'elles aucune ligne reconnaissable de démarcation. Nous avertissons donc encore une fois nos lecteurs, que les subdivisions *e 1* — *e 2* ne sont pas tranchées dans la nature, sous le rapport stratigraphique et encore bien moins, sous le rapport paléontologique.

D'ailleurs, l'expression *couches de Litten* comprenant deux roches de nature et d'origine très-différentes, ne pourrait qu'introduire une fâcheuse confusion dans la discussion qui va suivre. On conçoit, en effet, qu'elle pourrait faire supposer, partout où elle serait appliquée, la présence simultanée des schistes à Graptolites et des trapps. Au contraire, dans presque tous les cas, nous aurons à constater spécialement l'existence de chacune de ces roches, et à déterminer soigneusement leurs relations stratigraphiques, qui sont soustraites à l'attention, par la dénomination complexe de *couches de Litten*. Nous n'employerons donc ces expressions, que quand nous devrons reproduire le texte ou les conceptions de M. Lipold.

CHAPITRE III.

Les assertions fondamentales du système de M. Lipold sont contraires à la réalité des faits matériels.

Les colonies, en général, étant des apparitions partielles et anticipées d'une faune, durant l'existence de la faune précédente, constituent un phénomène purement paléontologique, et qui, par conséquent, pourrait être complétement indépendant des phénomènes stratigraphiques, c. à d. de la nature et de la succession des roches.

Par une heureuse circonstance, les colonies siluriennes de Bohême sont en connexion intime et évidente avec un phénomène stratigraphique, qui doit contribuer notablement à faire concevoir leur existence. Ce phénomène consiste en ce que presque toutes ces enclaves sont accompagnées de trapps, et que la même roche ignée présente des apparitions fréquentes et intermittentes, dans la hauteur des formations de notre étage *D*, qui renferment nos colonies.

Nous avons déjà fait ressortir ces remarquables connexions dans notre mémoire intitulé *Colonies. (Bulletin de la Soc. géol. de France. XVII. 1860.)* Ne pouvant pas nous étendre aujourd'hui sur ce sujet, nous nous bornons à reproduire les passages suivans de notre publication citée. *(pp. 629—630.)*

„En portant notre attention sur notre étage *D* qui renferme notre faune seconde, nous remarquons que les apparitions de trapps y sont plus multipliées, surtout dans la partie la plus élevée, c. à d. la plus rapprochée de la limite de notre division supérieure. Dans diverses localités, nous observons plusieurs nappes de trapp superposées et intercalées en stratification concordante dans la hauteur de la bande *d 5*. Nous citerons comme exemple les côteaux qui s'étendent le long de la rivière de Béraun (rive gauche) en amont des rochers de Kozel, près de la ville de Béraun. . . . .

„En voyant la fréquente répétition de ces enclaves de trapp, on est porté à concevoir une intermittence pseudo-régulière dans les phénomènes plutoniques auxquels elles doivent leur origine. Cette idée est confirmée par la disposition géographique que présentent les masses trappéennes. En effet, elles forment, dans leur ensemble, des lignes à peu-près concentriques aux contours du bassin calcaire, c. à d. aux bords de la masse centrale des trapps, sur laquelle repose notre division supérieure. Le croquis que nous avons publié dans le *Bulletin* 1851. VIII. p. 150 et dans le Vol. I de notre ouvrage sur la Bohême, 1852, indique la forme elliptique, allongée de ces contours. Les longs côtés de cette ellipse figurant une ligne d'une faible courbure, les affleuremens des nappes de trapp rangées sur chacun de ces côtés, même sur des horizons différens, ont l'air d'être à peu près en ligne droite, dans leur projection horizontale.

„Si nous considérons maintenant, que la plupart de nos colonies sont accompagnées de nappes de trapp analogues à celles que nous avons signalées ci-dessus, dans les colonies *Haidinger* et *Krejči*, nous concevons aisément la connexion naturelle qui les lie intimément à la constitution stratigraphique de notre étage *D*. En effet, si nous faisons abstraction, pour un instant, des fossiles cantonnés dans ces enclaves, rien ne pourrait les faire distinguer des autres masses de trapp intercalées dans la hauteur des formations sédimentaires qui renferment notre faune seconde. Ainsi, les colonies considérées sous les rapports stratigraphiques, ne représentent que des cas particuliers de certains phénomènes, qui se sont répétés un grand nombre de fois, durant le dépôt de notre étage *D*.

„Lorsque nous exposerons nos études géologiques, nous espérons démontrer, qu'il a existé un antagonisme longtemps prolongé, dans le bassin silurien de la Bohême, entre les causes de stabilité qui protégeaient la faune seconde et les causes de perturbation qui tendaient à la détruire et à introduire à sa place la faune troisième."

Notre doctrine ayant été ainsi formulée très nettement en 1860, nos contradicteurs ont naturellement adopté une doctrine opposée, afin d'enlever à nos colonies toute connexion avec les phénomènes stratigraphiques de notre bassin et de les réduire plus sûrement à n'être que les résultats d'accidens physiques. Dans ce but, ils n'ont trouvé rien de plus simple ni de plus absolu, que de nier complétement la présence normale des trapps dans la formation principale qui renferme nos colonies, c. à d. dans la bande *d 5*.

On conçoit aisément que cette doctrine négative leur a été imposée par les nécessités de leur système. En effet, si on admettait qu'il existe des enclaves de trapp normales ou contemporaines, dans les couches de Kosow et de Koenigshof, c. à d. dans la bande *d 5*, il serait impossible de les distinguer des enclaves accidentelles, ou postérieures, qu'on suppose produites par les plissemens, et alors toute la conception des plis deviendrait illusoire.

Voici les passages dans lesquels M. Lipold énonce les assertions opposées aux faits et à la doctrine formulés par nous en 1860.

„Les couches de Litten se composent de trapps, de schistes et de sphéroides calcaires.

„Les trapps contiennent toujours du calcaire et appartiennent à la classe des diabases. *Ils forment la base des couches de Litten, puisqu'ils recouvrent immédiatement les couches de Kosow,* mais ils se trouvent aussi sur des horizons plus élevés dans l'intérieur des schistes, alternant avec ceux-ci,

2

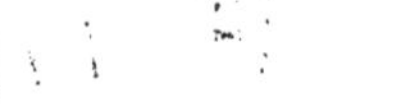

de sorte qu'on peut admettre plusieurs déversemens successifs de cette roche. On les rencontre comme les autres roches éruptives, tantôt en masses, tantôt bien stratifiés en véritables bancs. *Ces trapps sont particuliers aux couches de Litten et nous ne les avons jamais trouvés en position normale, dans les couches de Kosow et de Koenigshof, qui sont inférieures.*" *(Jahrb. XII. p. 6.)*

Ces assertions de M. Lipold sont complétées par une note que nous trouvons au bas de la même page. Nous en traduisons la seule partie importante:

„Toutefois, il existe aussi des trapps dans les formations de l'étage *D* de M. Barrande, qui sont inférieures aux couches de Kosow et de Koenigshof, nommément dans les couches de Komorau *(d 1)* et même dans les couches de Zahoržan *(d 4)*. *Cependant, les trapps des couches de Komorau (d 1) se distinguent aisément de ceux des couches de Litten, en partie par leur apparence de Schalstein et leur structure amygdaloïde, et en partie parce qu'ils sont accompagnés par des minerais de fer oolithiques.* Du reste, M. le directeur Krejči prépare un travail plus complet sur les trapps du bassin silurien de la Bohême". &c. &c.

D'après les passages que nous avons indiqués par des caractères italiques, les assertions de M. Lipold, rangées suivant le degré de leur importance, sont les trois suivantes:

I. M. Lipold n'admet pas qu'il existe, ou du moins affirme n'avoir jamais trouvé en position normale dans les couches de Kosow et de Koenigshof, c. à d. dans la bande *d 5*, des trapps semblables à ceux qui, suivant lui, sont particuliers aux couches de Litten, c. à d. à la partie la plus basse de notre étage *E—e 1*.

Cette assertion constitue la base première de tout le système de M. Lipold et nous venons d'indiquer pourquoi elle était indispensable. Les deux assertions suivantes ne sont qu'auxiliaires, mais encore importantes, dans les vues de nos contradicteurs.

II. M. Lipold considère les trapps comme formant la base extrême des couches de Litten, ou de *e 1* — c. à d. comme reposant immédiatement sur les couches de Kosow, ou quartzites qui couronnent notre bande *d 5*.

III. M. Lipold établit en principe, qu'il existe entre les trapps de l'étage *E* et ceux des couches de Komorau *d 1*, une différence fondée sur ce que ces derniers ont une structure amygdaloïde, et sont accompagnés par des minerais de fer oolithiques, tandisque ces deux caractères manquent aux premiers.

Nous allons passer en revue ces trois assertions de M. Lipold, qui sont combinées dans l'intérèt de son systême, mais sans beaucoup d'égards pour la réalité des faits.

Première assertion.

M. Lipold affirme n'avoir jamais trouvé en position normale, dans les couches de Kosow et de Koenigshof, c. à d. dans la bande *d 5*, des trapps semblables à ceux qui, suivant lui, sont particuliers aux couches de Litten, c. à d. à la base de notre étage *E*—*e 1*.

Bien que cette assertion soit de beaucoup la plus importante parmi les trois que nous avons à discuter, des circonstances particulières en rendent la réfutation très aisée.

Remarquons que M. Lipold a choisi dans la contrée qu'il a explorée c. à d. sur le bord Sud-Est du grand massif calcaire, les types des subdivisions qu'il établit dans notre étage calcaire inférieur *E*, savoir:

Etage *E*—	*e 2*	couches de Kuchelbad =	calcaires.
	e 1	couches de Litten =	schistes à Graptolites trapps à la base.

Au contraire, en ce qui touche les subdivisions de la bande *d 5*, il n'a adopté aucun type sur le même bord Sud-Est du bassin calcaire. Il est allé choisir ses types précisément sur le bord opposé, ou Nord-Ouest, dans les localités contigues l'une à l'autre du mont Kosow et du village de Koenigshof, près Béraun. Voici les deux subdivisions qu'il établit dans cette bande :

D — *d 5* { couches de Kosow = quartzites (au sommet)
couches de Koenigshof = schistes (à la base).

Il est clair que M. Lipold n'a pas jugé à propos de prendre les types des formations de la bande *d 5* dans la région explorée par lui, par la simple raison, que les affleuremens de cette bande sont compliqués et dénaturés à ses yeux par des plis ou dislocations, dont il affirme l'existence. Nous devons donc croire, qu'il a choisi ses types, sur le bord opposé, dans la localité qu'il regarde comme la plus parfaite sous tous les rapports.

D'après cette observation, la localité du mont Kosow et de Koenigshof doit être celle où les formations de la bande *d 5* se présentent aux yeux de M. Lipold avec leur développement le plus complet, et avec les apparences les plus normales et les plus régulières. Il est surtout évident, que M. Lipold a considéré cette localité comme parfaitement exempte de toute perturbation, de tout plissement, et en un mot de toute anomalie, qui puisse obscurcir le moins du monde l'ordre de superposition des formations typiques.

Ainsi, cette localité modèle de la bande *d 5* ne devrait pas même être soupçonnée de présenter des enclaves de trapps, semblables aux trapps de l'étage *E*, ni en position accidentelle, ni, bien moins encore, en position normale ou contemporaine.

En effet, des enclaves de trapp en position accidentelle, au mont Kosow ou à Koenigshof, rendent ces localités aussi impropres à servir de types pour la bande *d 5*, que toutes celles du bord Sud-Est, que M. Lipold a rejetées par son choix.

D'un autre côté, des trapps en position normale dans les couches typiques de Kosow et de Koenigshof anéantissent d'un seul coup l'assertion majeure de M. Lipold, que nous discutons, et renversent en même temps tout le système des plis, échafaudé sur cette base.

Cependant, par une singulière fatalité, ou pour mieux dire, par une disposition providentielle, il existe réellement des trapps dans les formations typiques du mont Kosow, c. à d. dans la bande *d 5.*

Il n'est pas nécessaire de dire, que nous avons vu ces trapps plus de cent fois, durant nos longs séjours à Béraun, et que chacun pourra les voir comme nous, et reconnaitre qu'ils alternent plusieurs fois avec les schistes de *d 5.* Notre témoignage et celui de tous les observateurs futurs doivent s'effacer devant celui de deux témoins, que personne ne soupçonnera de partialité en notre faveur, dans ces débats.

Ces témoins sont M. M. Krejči et Lipold.

En effet, ces deux explorateurs officiels de notre bassin ont constaté la présence des trapps au mont Kosow, sur la carte générale qui représente les résultats combinés de leurs travaux communs, l'un opérant en qualité de volontaire, et l'autre dirigeant et vérifiant, en qualité de géologue en chef. Nous avons sous les yeux cette carte, dite carte de détail, coloriée sur la feuille No. XIX de l'Etat major. Elle a été revêtue de la signature du respectable directeur Haidinger et du sceau de l'Institut géologique impérial, le 10 septembre 1860. Ce document réunit donc tous les caractères désirables d'authenticité.

Ainsi, l'existence des trapps dans les formations de la bande *d 5,* au mont Kosow, est un fait incontestable.

Ce fait étant posé, il se présente deux questions subsidiaires à résoudre, savoir :

1. Les trapps au pied du mont Kosow sont-ils en position accidentelle, ou bien en position normale?

2. Ces trapps sont-ils identiques avec ceux de notre étage *E*, ou bien sont-ils différens?

Discutons successivement ces deux questions.

1. Les trapps au pied du mont Kosow sont-ils en position accidentelle ou en position normale? En d'autres termes, ces trapps ont-ils été introduits dans leur position actuelle par des perturbations quelconques du terrain, après le dépôt des formations, ou bien ont-ils été déversés sur la surface même des couches, durant la sédimentation?

M. M. Krejči et Lipold vont encore nous prêter leur concours pour résoudre cette question. En effet, leur carte concorde avec nos propres observations pour établir l'ordre naturel de superposition des formations, à partir du sommet du mont Kosow, jusqu'au niveau de la plaine alluviale, sur laquelle est bâti Koenigshof. Cet ordre est le suivant:

Etage *E*	*e 2*	calcaires (au sommet).
	e 1	schistes à Graptolites alternant avec les trapps.
Etage *D* — *d 5*		quartzites de Kosow en gros bancs.
		schistes de Koenigshof alternant avec les trapps (à la base).

Il est bien entendu, que la petite échelle, sur laquelle est dessinée la carte de l'Etat major = $^1/_{144\cdot000}$ n'a pas permis aux géologues officiels de figurer tous les détails de ces formations. Cependant, il est évident, que s'ils avaient observé au pied du mont Kosow des schistes à Graptolites alternant avec les trapps, ils les auraient tout aussi bien indiqués qu'au sommet de cette colline, où nous les voyons figurés sur leur carte. Il en serait de même des quartzites si remarquables de Kosow. Cette induction au sujet des schistes à Graptolites est d'autant plus certaine, que sur le bord opposé ou Sud-Est du massif calcaire, la teinte indiquant les couches de Litten, c. à d. la partie inférieure de notre étage *E*, embrasse constamment tous les points sur les quels on trouve les moindres traces de cette roche graptolitique.

Or, la carte officielle n'indique, dans la partie inférieure du mont Kosow, ni schistes à Graptolites, ni quartzites, mais seulement les schistes de Koenigshof et les trapps renfermés dans leur masse.

Ainsi, M. M. Krejči et Lipold n'ont pas vu plus que nous, au pied du mont Kosow, ni les schistes à Graptolites, ni les quartzites, qui devraient se trouver au milieu des schistes de Koenigshof avec les trapps, si ces trapps y avaient été introduits par des plis ou par des perturbations quelconques.

Nous disons que les schistes à Graptolites et les quartzites devraient aussi se trouver au pied du mont Kosow, dans le cas d'une perturbation qui y aurait introduit les trapps, parcequ'il est évident, qu'aucune force physique n'a pu isoler les trapps des autres roches avec lesquelles ils sont associés, dans la partie supérieure du mont Kosow, ainsi que le montre notre section.

Les trapps ne sont donc pas en position accidentelle au pied du mont Kosow, dans les schistes de Koenigshof.

Il résulte de ces considérations, que les observations de M. M. Krejči et Lipold s'accordent avec les nôtres pour constater, que les trapps sont en position normale dans la bande *d 5*, au pied du mont Kosow.

Là, comme ailleurs dans cette bande, les déversemens répétés des trapps durant la sédimentation, ont dû causer quelque trouble dans les détails de la stratification, qui conserve cependant sa régularité générale.

Les trapps dont nous parlons, ne constituent pas un phénomène exceptionnel et isolé, au pied du mont Kosow. Au contraire, ils se prolongent régulièrement avec la bande *d 5*, dans les deux directions opposées, c. à d. vers le Sud-Ouest et vers le Nord-Est, en offrant partout les mêmes allures, la même position stratigraphique et des alternances plus ou moins multipliées avec les mêmes schistes de Koenigshof, ou schistes gris-jaunâtres.

En suivant d'abord la direction Sud-Ouest, nous les voyons s'étendre jusques vers l'extrémité du grand massif calcaire, entouré par la bande *d 5*. Ils ont été observés non seulement par nous, mais aussi par M. M. Krejči et Lipold, qui les ont particulièrement indiqués sur leur carte générale, par deux trainées, l'une à partir de Karlshütten, et l'autre sur le bord des étangs de Popowitz, c. à d. sur une distance d'environ 3500 mètres au delà de Koenigshof et du mont Kosow.

En suivant la direction opposée, ou Nord-Est, à partir du mont Kosow, les trapps de la bande *d 5* disparaissent d'abord sous les alluvions formant la plaine sur laquelle est bâtie la ville de Béraun, mais ils reparaissent un peu plus loin, avec les mêmes apparences, sur les bords de la rivière de même nom. Nous les retrouvons en effet, dans la belle section naturelle qu'offre le côteau qui suit la rive gauche de la Béraun, entre la chaussée dirigée vers Prague et les rochers très connus de Kozel. Dans cette section, les trapps présentent plusieurs alternances avec les schistes de Koenigshof, et cet ensemble complexe est recouvert par les quartzites de Kosow. Ces quartzites en gros bancs, comme dans la localité typique, sont exploités dans des carrières, immédiatement contre le faubourg de Béraun, ou village, nommé Zawody et sont indiqués sur la carte générale de M. M. Lipold et Krejči. Ainsi, les trapps en question se montrent aussi distinctement dans la direction Nord-Est, que dans la direction Sud-Ouest, et il ne peut y avoir aucun doute à l'égard de leur position stratigraphique.

Nous devons exprimer ici notre étonnement et notre regret, de ne pas trouver ces trapps figurés sur la carte de détail de M. M. Krejči et Lipold, entre la chaussée de Prague et la base de notre étage *E*, qu'ils ont largement indiquée en cet endroit. Deux circonstances rendent cette omission plus inexplicable que si elle avait eu lieu partout ailleurs. D'abord, elle se répète comme systématiquement à partir de ce point en allant vers le Nord-Est, en divers lieux où les trapps reparaissent à la surface du sol, sur le même horizon géologique, c. à d. dans la bande *d 5*. Nous remarquons en outre, que M. M. Krejči et Lipold ont exactement figuré aux environs de Kozel quatre alternances de trapps avec les schistes à Graptolites, ce qui est conforme à la réalité. Comment pourrions-nous donc concevoir, que les mêmes explorateurs, en parcourant la même section naturelle, n'auraient pas aperçu les mêmes trapps, alternant aussi plusieurs fois avec les schistes de Koenigshof, dans la bande *d 5*?

Nous devons donc signaler cette omission, au respectable directeur Haidinger.

2. La seconde question subsidiaire qui nous reste à résoudre, consiste à savoir, si les trapps au pied du mont Kosow sont de même nature que ceux qui occupent le sommet de cette colline et qui constituent avec les schistes à Graptolites la base normale *e 1*, de notre étage *E*.

Cette question est encore résolue affirmativement par les documens officiels de nos contradicteurs, qui, sur ce point, sont aussi en parfaite harmonie avec nos observations personnelles.

En effet, nous devons informer ceux de nos lecteurs qui n'ont pas comme nous sous les yeux la carte générale ou de détail de notre bassin, coloriée par M. M. Krejči et Lipold, que ces géologues ont distingué deux classes particulières de trapps. La nature minéralogique ou les apparences physiques de ces deux classes de roches trappéennes ont été considérées par ces explorateurs officiels, comme différenciées par des caractères assez importans, pour les porter à figurer chacune de ces deux catégories, par une couleur différente, correspondant naturellement à un nom différent.

L'une de ces catégories est désignée, dans la nomenclature qui accompagne la carte, par le nom de *Diabase de Komorau*, et l'autre par le nom habituel de *Grünstein* c. à d. de trapp.

Or, au mont Kosow, les trapps de la bande *d 5* qui nous occupent et les trapps de l'étage *E*, situés dans leur voisinage immédiat, sont également figurés les uns comme les autres, par la couleur indiquant le trapp ordinaire ou *Grünstein* de la légende.

Ainsi, d'après M. M. Krejči et Lipold, comme d'après nos observations personnelles, les trapps de la bande *d 5*, au mont Kosow, appartiennent à la même classe que ceux de la base normale *e 1* — de notre étage *E*, que ces deux géologues désignent par le nom de couches de Litten.

Nous ferons encore remarquer que, selon la note de M. Lipold traduite ci-dessus, M. Krejči doit avoir fait une étude spéciale des trapps de notre bassin. Un travail de ce genre donne naturellement un nouveau poids aux indications de M. Krejči, au sujet des trapps du mont Kosow et nous dispense de toute autre observation à cet égard.

Résumons maintenant ce qui précède, au sujet de la première et principale assertion de M. Lipold.

Il reste constaté que:

1. Au mont Kosow, localité typique de la bande *d 5*, selon M. Lipold, il existe des trapps dans les schistes de cette bande, dits schistes de Koenigshof.

2. Ces trapps sont en position normale, ou contemporaine, dans les schistes avec lesquels ils alternent.

3. La nature de ces trapps ne peut pas être distinguée de celle des trapps de la base normale de l'étage *E*, qu'on voit en place au sommet du mont Kosow.

Ces trois faits sont établis, non seulement par nos observations personnelles, mais encore par les observations de M. M. Krejči et Lipold, consignées sur leur carte générale et officielle.

Ainsi, l'assertion principale de M. Lipold, savoir: qu'i n'existe dans la bande *d 5*, en position normale, aucune enclave de trapps semblables à ceux de l'étage *E*, est en contradiction manifeste avec la réalité des faits, aussi bien dans son ensemble que dans ses détails.

Cette assertion s'évanouissant, la base fondamentale du système des plis de M. Lipold s'évanouit en même temps.

Nous montrerons dans la suite, que les mêmes trapps existent en position normale, dans la bande *d 5*, en beaucoup d'autres localités, aussi remarquables que le mont Kosow et les environs de Béraun. Mais, comme plusieurs de ces localités doivent donner lieu à de graves considérations, d'une autre nature, nous croyons inopportun et inutile de les décrire en ce moment.

Seconde assertion.

M. Lipold considère les trapps comme formant la base extrême de l'étage *E*, c'est à dire comme reposant toujours immédiatement sur les quartzites de *d 5*.

Pour comprendre pourquoi M. Lipold établit ce principe, il faut remarquer, que l'admission du fait contraire, c. à d. des schistes à graptolites reposant immédiatement sur les quartzites de *d 5*, peut faire concevoir une alternance possible et naturelle de ces deux roches. Cette possibilité serait favorable aux colonies et préparerait à admettre le fait que nous avons réellement à constater, savoir l'existence normale de schistes à Graptolites, sous la forme d'enclaves, dans la bande *d 5*.

Le principe de M. Lipold est calculé de manière à exclure non seulement ce fait, mais encore sa possibilité. C'est une grave erreur.

Les trapps ne forment pas une nappe continue, jouissant de la position stratigraphique absolue qui leur est attribuée par M. Lipold. Au contraire, si l'on étudie en détail les contours de notre bassin calcaire, c. à d. l'horizon géologique sur lequel se trouve la ligne naturelle de démarcation entre les deux divisions siluriennes, on reconnaîtra aisément, que la bande *d 5* couronnant l'étage *D* est immédiatement recouverte en diverses localités, par les schistes à Graptolites de l'étage *E*, sans aucune interposition de trapp.

Nous figurerons dans la suite de cette *défense*, les profils qui constatent ce fait, de la manière la plus évidente. En attendant, nous signalerons l'une des localités les plus voisines de Prague, où chacun pourra sans difficulté, en observer un exemple.

Cette localité est près Radotin.

Les côteaux qui bordent le ruisseau aboutissant à la Béraun près de ce village, offrent une section naturelle, très distincte, des formations de notre division supérieure et d'une partie de la division inférieure. A partir du village de Radotin situé sur les schistes de *d 5*, si l'on remonte le ruisseau, en suivant simplement le chemin qui conduit à Lochkow, on voit sur les deux côteaux opposés, mais principalement sur celui de la rive gauche, une série très développée, dans laquelle prédominent les quartzites de *d 5*, alternant avec des couches minces de schistes. C'est la formation que M. Lipold nomme couches de Kosow. Dans la section naturelle, qu'offre le côteau rive gauche, le long du chemin, cette formation occupe une largeur horizontale d'environ 300 mètres, et sa puissance est d'environ 200 mètres.

A partir de cette base, voici l'ordre naturel des superpositions, tel qu'il est exposé dans cette section.

Au sommet *G* . . Calcaires puissans.
F . . Calcaires peu développés.
E . . Calcaires de l'étage *E*.
Calcaires alternant avec des schistes à Graptolites.
Trapps . . . . 100 m.
Schistes à Graptolites avec quelques sphéroides calcaires . . . . . . 50 à 60
à la base *D*—*d 5* Quartzites prédominans, avec couches minces de schistes 300
Schistes en masse au droit de Radotin.

Au lieu de figurer cette section naturelle et parfaitement claire, M. Lipold a préféré en prendre une autre plus loin vers l'Est, a travers un espace couvert de bois ou de terre végétale, de sorte qu'il est impossible d'y bien distinguer les formations.

Dans l'intervalle où la série ci-dessus est exposée, la surface du côteau, rive gauche, montre une stratification très régulière dans son ensemble, et qui ne peut manquer de frapper l'attention d'un observateur impartial. Cependant, cet ordre général présente là, comme partout ailleurs dans notre terrain, et dans la hauteur occupée par un même étage, certaines variations dans l'inclinaison des couches, qui nous indiquent, soit les oscillations du sol durant leur dépôt, soit les irrégularités produites par les soulèvemens, en passant de la position horizontale à la position actuelle.

De semblables variations d'inclinaison sont surtout bien concevables, dans la zone embrassant la bande *d 5* et la base de l'étage E, parceque l'époque où ces formations se sont déposées a été celle où la sédimentation a été le plus troublée par les déversemens de trapp. Comme indice de ce trouble, nous signalerons, dans cette localité, à quelques centaines de mètres au Nord-Est du vallon de Radotin, l'existence d'un lambeau de schistes à Graptolites, d'environ 30 mètres de longueur sur O.$^{m.}$ 50 d'épaisseur, enfermé dans la masse des trapps. Les faibles dimensions de ce lambeau et toutes ses apparences s'accordent à indiquer, qu'il a été soulevé et entraîné par la roche en fusion.

Il faut bien remarquer, que cette masse de trapps est précisément celle que M. Lipold considére comme la base normale de l'étage E, c. à d. comme n'ayant subi aucune dislocation ni plissement quelconque, auxquels on pourrait attribuer l'introduction des schistes à Graptolites.

La présence d'un lambeau de schistes Graptolitiques dans cette masse normale de trapp est en parfaite harmonie avec l'ordre de superposition que nous venons d'indiquer. Ce fait démontrant évidemment que les schistes à Graptolites avaient été déposés dans cette localité, avant l'apparition des trapps, achève d'établir la certitude, que la succession actuelle est réellement celle qui est résultée de la succession naturelle des dépôts.

Ce même fait serait, au contraire, entièrement inexplicable, si l'on admettait avec M. Lipold, que tous les schistes à Graptolites se sont formés sur les trapps solidifiés. En effet, on observe dans tous les pays des lambeaux de roches entraînés et empâtés dans les roches ignées qui ont pénétré de bas en haut; mais il est inouï et inconcevable, qu'une roche solide ait pénétré de haut en bas dans une autre roche solide, avec les apparences et dans les circonstances que nous signalons.

D'ailleurs, nous avons constaté le même phénomène dans diverses autres localités, que nous décrirons dans le cours de ces publications.

Ainsi, près de Radotin, tous les faits s'accordent à nous montrer, que les schistes à Graptolites sont normalement situés sous les trapps de l'étage *E*, en contact immédiat avec les quartzites de *d 5*.

Cet ordre naturel de superposition étant incompatible avec les conceptions de nos contradicteurs, M. Lipold a cherché à le soustraire à l'attention des savans, au moyen de ses combinaisons graphiques.

Dans ce but, il a reporté à la partie la plus inférieure de notre étage *E*, son prétendu pli synclinal (y) qu'il a figuré au moyen d'une ride, au bord extrême des schistes à Graptolites et des trapps. Or, comme malgré ce prétendu pli, son système exige absolument que les trapps reposent immédiatement sur les quartzites, ce qui n'a pas lieu dans cette localité, il a figuré sans hésiter, sur son profil *D E*, entre les quartzites et les schistes à Graptolites, une masse de trapps de sa propre création.

Il résulte de cette intercalation arbitraire d'une masse non existante de trapps, une choquante incohérence entre les trois documens divers, qui sont présentés par M. Lipold, comme résultats de ses études, soi-disant *poussées jusqu'aux plus petits détails*. Nous prions les savans entre les mains desquels ces documens se trouvent aujourd'hui, de les passer en revue avec nous.

1. La carte de 1862, comme le calque de 1860, bien que notablement inexacts dans le tracé horizontal des formations, ainsi que nous le montrerons plus tard, constatent cependant, l'une et l'autre, le fait énoncé ci-dessus et qui est le plus important de cette localité, savoir: l'existence d'une masse de schistes à Graptolites entre les trapps de l'étage *E* et les quartzites couronnant la bande *d 5*. Mais il faut remarquer, que la largeur de ces schistes, au pied du côteau, où elle atteint son maximum d'environ 60 mètres, et qui devrait occuper au moins 2 millimètres sur la carte, a été réduite

presque à rien, de sorte qu'elle est à peine visible sur ce point.

2. Le profil *D E* de M. Lipold est en flagrante contradiction avec sa carte, quisqu'il montre les trapps interposés entre les schistes à Graptolites et les quartzites en question. L'infidélité de ce profil est d'ailleurs immédiatement constatée par une simple observation: c'est qu'il représente les trapps comme traversés trois fois, entre le pli anticlinal (yy) et la masse normale (z) de l'étage *E*, tandisque sur la carte il n'y a réellement dans cet espace que deux nappes de trapps traversées par la ligne *D E*.

3. Enfin, si on compare le texte de M. Lipold (p. 17) avec les deux autres documens discordans, on est étonné de voir, qu'au lieu de dissiper cette confusion, il ne fait que l'accroître, en introduisant sous la masse des trapps entre le pli synclinal (y) et la masse normale (z) une masse imaginaire de quartzites, qui doit représenter le pli anticlinal (xx) dont le sommet est figuré comme caché sous le sol.

Selon M. Lipold, cette masse de quartzites pénétrant dans les trapps sous la forme d'un coin très aigu, serait visible à la base du côteau, sur le sol du vallon de Radotin, mais n'aurait pas été figurée sur sa carte. Le texte n'indique pas le lieu précis où elle se trouve, et nous ne pouvons concevoir comment ce géologue qui, dans la même localité ne s'est fait aucun scrupule de représenter une masse imaginaire de trapps, aurait négligé de figurer une partie de quartzites si importante pour son système?

Nous ne pouvons pas, en ce moment, nous arrêter plus longtemps sur ces détails, mais les indications qui précédent suffisent pour montrer l'incohérence inconcevable, qui existe entre les trois documens fournis par M. Lipold. Ce n'est pas là le caractère de la vérité.

En somme, il reste constaté, qu'aux environs de Radotin il existe, à la base normale de l'étage *E*, un dépôt lenticulaire de schistes à Graptolites, reposant immédiatement sur les quartzites de *d 5*, sans aucune interposition de trapp.

Troisième assertion.

M. Lipold prétend qu'il existe entre les trapps de l'étage *E* et ceux des couches de Komorau *(d 1)*, une différence fondée sur ce que ces derniers ont une structure amygdaloïde, et sont accompagnés par des minerais de fer oolithiques, tandisque ces caractères manqueraient aux premiers.

Cette prétendue différence paraît uniquement destinée par M. Lipold à confirmer les apparences particulières attribuées par lui aux trapps des couches de Litten. Une telle distinction ne pourrait avoir quelque importance, que si elle était démontrée d'une manière absolue entre les trapps de l'étage *D* et ceux de l'étage *E*. Or, elle n'existe nullement, et comme preuve nous rappélerons les trapps du mont Kosow, intercalés dans la bande *d 5* et qui sont indiqués sur la carte officielle de M. M. Krejči et Lipold, comme ayant la même nature que les trapps de l'étage *E*, figurés dans la même localité, sur la même carte générale. La prétendue distinction entre les trapps de *E* et ceux de *d 1*, séparés par toute la hauteur de l'étage *D* est donc sans importance et nous pourrions la passer sous silence; mais il est de notre devoir de ne pas laisser introduire une erreur dans notre terrain, sans la signaler.

La distinction des trapps que M. Lipold cherche à fonder sur leur apparence amygdaloïde, ou sans amygdales, est illusoire.

En réalité, les trapps de notre bassin montrent partiellement et accidentellement la structure amygdaloïde, sur tous les horizons où nous avons constaté leur présence. Cette apparence, indépendante de leur nature minéralogique, résulte uniquement de certaines circonstances physiques, qui se sont reproduites plus ou moins largement, à l'époque de chacune des apparitions de la matière plutonique, au milieu des dépôts sédimentaires.

Il nous suffira d'en citer quelques exemples, que nous choisissons dans les localités les plus accessibles et précisément dans celles que M. Lipold aurait dû principalement étudier, savoir: le mont Kosow et la colonie *Haidinger*.

1. Au mont Kosow, près Béraun, immédiament au dessus des quartzites que M. Lipold a pris pour type de ses *couches de Kosow*, il existe une masse de trapps alternant avec les schistes à Graptolites et constituant la base habituelle et normale *e 1* de notre étage *E*. Or, dans ces trapps, au milieu des schistes à Graptolites, il existe des parties qui présentent la structure amygdaloïde très prononcée. Nous trouvons cette observation consignée dans nos notes à diverses reprises, et particulièrement le 21 juillet 1847, durant une excursion faite en compagnie avec deux éminens observateurs, Sir Rod. Murchison et M. Ed. de Verneuil. Nous pouvons invoquer leurs notes comme les nôtres, à ce sujet.

2. La colonie *Haidinger* présente à sa base une coulée de trapp dont la plus grande épaisseur est d'environ 8 mètres. Sur divers points de son étendue horizontale, que nous évaluons à 500 mètres, nous avons détaché des fragmens de la roche, qui offrent des apparences plus ou moins variées, comme dans toutes les autres coulées de même nature. Mais l'un de ces fragmens, qui est en ce moment sous nos yeux, et que nous avons pris vers le milieu de la masse, renferme des amygdales très distinctes et non dissoutes

3. A Solopisk, où il existe de puissantes masses de trapp, indiquées sur la carte spéciale de M. Lipold, il est très aisé de trouver des morceaux de cette roche offrant également la structure amygdaloïde, mais contrastant avec les trapps de la colonie *Haidinger*, parceque leurs amygdales sont dissoutes et représentées par des vides correspondans. Le même phénomène se présente en beaucoup de localités, sur le même horizon.

Nous sommes fort étonné que ces faits et tant d'autres semblables n'aient pas été observés par M. Lipold, s'il a réellement étudié notre terrain. Ils suffisent pour montrer, que la distinction indiquée par ce géologue entre les trapps de la bande *d 1* et ceux de notre étage *E*, n'existe pas dans la réalité.

Quant aux minerais oolithiques de fer, que M. Lipold cite comme accompagnant les trapps de la bande *d 1*, c'est un fait stratigraphique, qui n'a aucun rapport avec la nature minéralogique de ces trapps, et qui ne peut faire préjuger en rien leur différence ou leur identité, par rapport aux trapps de l'étage *E*. Notre bassin renferme des minerais de fer sur divers horizons, notamment dans la bande *d 5*, aux environs de Nučitz et même dans la partie inférieure de l'étage *E*, près Tachlowitz. Ces minerais sont aussi accompagnés par des trapps, que M. M. Krejči et Lipold ont figurés sur leur carte générale avec la même teinte qui indique partout les trapps ordinaires du même étage *E*. La présence des minerais de fer constamment associés aux trapps, sur des horizons si divers, tendrait donc à indiquer, une source et une nature commune à toutes ces roches ignées, plutôt qu'une différence quelconque entre leurs apparitions successives, quelles que soient leurs apparences physiques.

Résumé du Chapitre.

Pour résumer ce chapitre, nous rapprocherons les conclusions auxquelles nous sommes parvenu, en discutant successivement chacune des trois assertions fondamentales de M. Lipold.

I. Assertion principale: *Il n'existe pas en position normale, dans la bande d 5, des trapps semblables à ceux qui sont particuliers à la partie inférieure de l'étage E, ou couches de Litten.*

Cette assertion est en contradiction manifeste avec les faits établis au mont Kosow, soit par nos propres observations, soit par celles de M. M. Krejči et Lipold. Elle s'évanouit donc, et avec elle s'évanouit en même temps la base fondamentale du système de M. Lipold.

II. *Les trapps de la base de E, ou des couches de Litten, reposent immédiatement sur les couches de Kosow, c. à d. sur les quartzites couronnant la bande d 5.*

Cette assertion indique d'une manière absolue un ordre de succession qui, bien que fréquent, n'est cependant que local. En effet, on voit en diverses localités et nommément à Radotin, les schistes à Graptolites reposant immédiatement sur les quartzites de *d 5*, sans aucune interposition de trapps.

III. *Les trapps de Komorau, c. à d. de la bande d 1, se distinguent de ceux de l'étage E, par leur structure amygdaloïde, &c.*

Cette assertion est en contradiction manifeste avec la réalité, puisque les trapps de l'étage *E* présentent également la structure amygdaloïde, au mont Kosow, à la colonie *Haidinger*, à Solopisk, &c.

Ainsi, les trois assertions fondamentales du système de M. Lipold sont contraires à la réalité des faits matériels.

Nous prions le lecteur de remarquer surtout nos conclusions au sujet de l'assertion principale, Nr. 1. Ces conclusions vont être complétement confirmées par l'épreuve décisive, à laquelle nous allons soumettre les prétendus plis de M. Lipold, dans le chapitre suivant.

CHAPITRE IV.

Le système des plis est incompatible avec la réalité des faits matériels.

Les plissemens des formations sédimentaires constituent l'un des plus grands phénomènes soumis aux investigations des géologues. Ce phénomène, qui complique souvent les apparences du terrain, et qui peut aisément induire en erreur un observateur inattentif, ou peu exercé, est cependant très nettement caractérisé par certaines combinaisons stratigraphiques, essentiellement inhérentes à son existence, et qui ne peuvent être que très difficilement effacées sur la surface du sol.

Dans la question qui nous occupe, il est donc important d'exposer les principaux caractères que devraient inévitablement présenter les plissemens, dans la zone de nos colonies, afin de pouvoir faire apprécier les conceptions de M. Lipold, au sujet des plis synclinaux et anticlinaux, par lesquels il prétend expliquer ces enclaves.

M. Lipold considère toutes nos colonies, sans exception, comme représentant des lambeaux des schistes à Graptolites et des trapps, appartenant originairement à notre étage calcaire inférieur *E*, et postérieurement renfermés dans les plis des couches de Kosow et des couches de Koenigshof, c. à d. de notre bande *d 5*.

Or, s'il existe dans notre bassin des plis de cette nature, parallèles à son grand axe, régulièrement tracés sur une longueur de plus de 23,000 mètres, et assez amples pour embrasser et faire alterner à plusieurs reprises des formations, qui offrent ensemble une puissance dé plusieurs centaines de mètres, il est évident, qu'on ne saurait attribuer de si grands phénomènes qu'aux forces désignées sous le nom de pressions latérales, et qui ont joué un si grand rôle dans les perturbations de l'écorce terrestre.

On serait donc disposé à penser, que ces pressions ont été subies, non seulement par quelques unes des formations, occupant à peu-près le milieu dans la série verticale des dépôts de notre bassin, mais encore par toutes les autres formations, soit supérieures, soit inférieures à cette zone médiane.

Par des motifs qui ne sont nullepart expliqués et qui sont simplement les convenances de son système, M. Lipold, en nous enseignant que la bande *d 5* a été plissée avec la partie basse de l'étage *E*, fait abstraction complète dans l'étage *D*, de toutes les formations placées au dessous des schistes de Koenigshof, et de même dans la division supérieure, il ne tient aucun compte, ni des calcaires de *E*, ni de tous les autres étages superposés.

Afin de ne pas perdre de vue l'objet principal de cette discussion, nous adopterons pour un moment, les convenances du système de M. Lipold, et nous supposerons avec ce géologue en chef, que les seules formations atteintes par ses prétendus plis sont les quatre suivantes:

Dans l'étage *E* { les schistes à Graptolites
les trapps.

Dans l'étage *D* — *d 5* { les couches de Kosow
les couches de Koenigshof.

Mais les convenances de M. Lipold ne se bornent pas là. Sa carte et ses profils nous montrent, que les formations soi-disant plissées sont souvent réduites de quatre à trois, par suite de l'absence des schistes à Graptolites.

Bien que cette absence ne soit nullement justifiée, nous la considérerons également comme une des convenances du système de M. Lipold et nous l'adopterons de même, pour ne pas trop étendre cette discussion.

Enfin, M. Lipold pose en principe (p. 6) que les trapps constituent la formation la plus basse des couches de Litten et reposent immédiatement sur les couches de Kosow, tandisque les schistes à Graptolites seraient placés sur les trapps.

Nous avons démontré ci-dessus, que cette supposition exclusive n'est pas fondée dans la nature et qu'elle n'a été établie en principe par M. Lipold, qu'à cause des nécessités de son système. C'est donc encore une fois par égard pour ces nécessités que nous figurons, dans les deux diagrammes de notre planche ci-jointe, les trapps et les schistes à Graptolites suivant l'ordre stratigraphique supposé exclusif par M. Lipold.

Ces conventions préliminaires étant établies, concevons les plis de M. Lipold effectués et disposés de telle sorte que leurs nappes opposées, non seulement sont devenues parallèles entre elles, mais encore ont été appliquées l'une sur l'autre, au contact immédiat, en prenant une commune inclinaison d'environ 45°. Ainsi, tout cet ensemble de deux plis synclinaux et de deux plis anticlinaux correspondans a pris l'apparence trompeuse d'une série de dépôts successifs, régulièrement stratifiés, comme les formations normales, qui se trouvent au dessus ou au dessous, sans avoir été atteintes par les plis.

Nos deux diagrammes sont destinés à montrer l'ordre de succession des quatre formations, qui ont eu le privilège exclusif d'être plissées.

Dans le premier, fig. 1, nous indiquons la position primitive, c. à d. horizontale de ces quatre formations, en faisant abstraction de tous les dépôts supérieurs ou inférieurs, indiqués sur le tableau de notre classification, ci-dessus.

Le second diagramme fig. 2 représente la disposition de ces quatre formations, dans le cas des deux plis synclinaux et des deux plis anticlinaux, supposés dans le système de M. Lipold.

D'après la notation employée par M. Lipold, sur sa carte et dans son mémoire, *x* et *y* représentent les deux plis synclinaux qui, suivant lui, correspondent aux deux horizons distincts de nos colonies *Haidinger* et *Krejči.*

xx et *yy* figurent les deux plis anticlinaux, dont la coexistence est indispensable, pour produire les plis synclinaux *x* et *y*.

zz représentent les schistes de Koenigshof dans leur position normale, c. à d. dans la partie qui n'a pas été atteinte par les plissemens.

z figure de même la position normale des trapps, schistes à Graptolites &c. de l'étage *E,* qui sont supposés complétement indépendans des plis en question.

En étudiant la fig. 2, on reconnaît les conséquences suivantes, comme dérivant nécessairement de l'existence des plis supposés.

A. En général, l'existence d'un pli quelconque, soit synclinal, soit anticlinal, est inévitablement caractérisée par la répétition symétrique et inverse de toutes les formations reployées sur elles mêmes. Cette répétition inverse se reproduit autant de fois qu'il y a de plis en contact.

Conformément à cette régle générale, dans le cas spécial des quatre formations qui nous occupent, nous voyons que:

1. Les schistes à Graptolites doivent se trouver nécessairement au centre de chacun des deux plis synclinaux *x* et *y*. Dans le cas gratuitement supposé de l'absence de ces schistes, ce sont les trapps qui doivent occuper cette position centrale.

Dans ces deux cas, la *formation centrale* des plis synclinaux, soit schistes à Graptolites, soit trapps, doit se présenter comme doublée et appliquée sur elle même.

2 La masse quelconque des *formations centrales* des plis synclinaux x et y, en comprenant à la fois sous cette dénomination les schistes à Graptolites et les trapps, doit reposer immédiatement sur les quartzites ou couches de Kosow, et de plus, elle doit être aussi immédiatement recouverte par les mêmes quartzites.

Ces deux conditions de symétrie, essentiellement inhérentes à l'existence des plis supposés, ne sont nullement satisfaites dans la réalité.

1. Dans la suite de cette *défense*, nous mettrons ce fait hors de toute contestation, en plaçant sous les yeux des savans les sections et les descriptions détaillées de toutes les localités qui présentent des enclaves quelconques. C'est un travail beaucoup trop étendu, pour que nous ayons pu le préparer jusqu'à ce jour. Nous rappelons seulement, que nous avons déjà donné deux exemples frappans du manque total de répétition symétrique et inverse des formations, dans la description de nos colonies *Haidinger* et *Krejči*. *(Colonies. 1860.)*

Nous reproduirons ici les sections de ces deux enclaves, en priant les lecteurs de vouloir bien relire les détails importans de nos descriptions.

Colonie Haidinger. (Bull. XVII. p. 620.)

	4.	schistes à Graptolites	2 50 m.
	3.	schistes gris jaunâtres et quartzites alternant par lits minces	1.50 „
	2.	quartzites en lits plus épais	0.50 „
à la base	1.	Trapps pseudo-stratifiés	8.00 „
			12.50 m.

Colonie Krejči. (Ibid. p. 623.)

	4. Couche supérieure de trapp, environ . .	0.50 m.
	3. schistes impurs, renfermant des lits de schistes à Graptolites, ainsi que des sphéroides et des couches minces de calcaire, environ	18.00 „
	2. trapps pseudo-stratifiés, environ	1.00 „
à la base	1. schistes à Graptolites alternant avec des couches minces de schistes gris-jaunâtres &c.	1.50 „
	total approximatif . . .	21.00 m.

Nous ferons remarquer que M. Lipold, en discutant ces deux colonies, se borne à contester ce que nous avons considéré comme la concordance des formations, mais il n'élève pas la moindre objection contre la nature ou l'ordre de succession des roches indiquées par nous, comme constituant chacune de ces enclaves. Ainsi, les sections que nous venons de reproduire ne sont point contestées et peuvent être admises sans hésitation.

Or, il résulte évidemment de ces deux sections, que ni l'une ni l'autre des colonies *Haidinger* et *Krejči* ne présente la moindre apparence de répétition symétrique et inverse des couches. Au contraire, chacune d'elles est constituée par une seule série de strates, sans retour symétrique, et par conséquent aussi sans apparence quelconque de reploiement.

Ces deux colonies considérées dans leur composition stratigraphique, ne satisfont donc nullement à la première des deux conditions que nous venons de formuler, comme inhérentes à l'existence des plis.

2. Il est aussi évident, que ces mêmes colonies *Haidinger* et *Krejči* ne satisfont pas davantage à la seconde condition, c. à d. à la condition du contact immédiat avec la formation des quartzites, ou couches de Kosow, aussi bien au dessus qu'au dessous d'elles.

M. Lipold nous fournit lui-même la preuve de l'absence des quartzites, immédiatement au dessus des deux enclaves, sans que nous ayons besoin de rappeler à nos lecteurs ce que nous avons déjà écrit à ce sujet dans nos *Colonies*, en 1860.

En effet, ce géologue en chef donne plusieurs profils des deux colonies en question, sur les deux planches qui accompagnent son mémoire. Ces divers profils s'accordent à nous montrer, que la colonie *Haidinger* repose sur une puissante formation d'environ 50 mètres d'épaisseur, dans laquelle prédominent les quartzites et que M. Lipold nomme, couches de Kosow. Au contraire, cette même enclave est recouverte par une autre formation presque uniquement composée de schistes gris et que le même géologue appèle, schistes de Koenigshof.

Les profils de M. Lipold relatifs à la colonie Krejči reproduisent la même disposition et succession des formations de Kosow et de Koenigshof, par rapport à cette enclave. Nous pouvons donc nous dispenser de répéter ce fait, dans les mêmes termes que pour la colonie *Haidinger*.

Ainsi, les deux colonies *Haidinger* et *Krejči* considérées, soit dans leur composition stratigraphique, soit dans leurs rapports immédiats avec les formations juxta posées, présentent des apparences complétement contraires aux conditions de symétrie, inhérentes à l'existence de tout pli.

Il en est de même de la coulée *Krejči*, formant la troisième enclave du groupe probatoire. Lorsque nous présenterons un profil à travers la série totale des formations entre lesquelles ces trois enclaves sont intercalées, le défaut de répétition symétrique et inverse de toutes ces formations deviendra encore plus apparent. C'est probablement pour éviter de constater ce fait contraire à leurs conceptions, que nos contradicteurs se sont abstenus de figurer une semblable section, malgré toute son opportunité.

Les exemples importans que nous venons de présenter, suffisent en ce moment pour donner une idée du défaut de symétrie, qui existe également dans les enclaves des autres groupes. Ce défaut est d'ailleurs très évident, sur la carte elle-même de M. Lipold. Pour pallier ce fait opposé à son système, notre contradicteur s'efforce de nous représenter ces enclaves isolées, comme des lambeaux de ses plis synclinaux x et y, qui auraient échappé à de puissantes dénudations. Mais, en nous donnant cette explication, il oublie que le même défaut de symétrie se retrouve tout aussi prononcé dans ces mêmes plis synclinaux x et y, précisément dans la région où ils sont indiqués comme *continus* et dans la plénitude de leur constitution stratigraphique.

La symétrie partielle que nous observons sur quelques points isolés, n'infirme en rien l'importance du défaut de symétrie, qui est de beaucoup prépondérant par sa fréquence relative, et qui sera constaté par nos études de détail.

Il est vrai que M. Lipold a figuré sur sa carte de remarquables exemples de symétrie dans les masses de trapps et de schistes à Graptolites, qui représentent ses plis synclinaux x et y. Mais, en lisant attentivement le texte correspondant, il nous semble que ce conseiller aux mines n'exige pas absolument, que le lecteur prenne ses figures pour l'exacte image de la réalité. En voici un exemple:

Aux environs de Karlik, la carte de M. Lipold représente le pli synclinal x comme formé par une bande de schistes à Graptolites, régulièrement enclavée entre deux nappes parallèles de trapps, sur une longueur d'environ 3,400 mètres. Un semblable phénomène, s'il existait réellement, aurait été admirablement préparé par la nature, en faveur du système des plis et aurait au moins mérité quelques mots, pour le mettre en lumière. Cependant, notre contradicteur se borne à dire simplement, en parlant de cette localité: (p. 20)

„Le côteau rapide qui s'élève au dessus de la plaine de Dobrzichowitz se compose à sa base des couches de Kosow, qui se dirigent vers l'Est 30° Nord, et sont inclinées vers le Nord-Ouest. Sur les couches de Kosow reposent, en stratification concordante, les couches de Litten, savoir des trapps et des schistes à Graptolites, avec des sphéroïdes calcaires. Les trapps forment des escarpemens abruptes et comme une porte de rochers, à l'entrée du vallon de Rubrin. Les schistes à Graptolites sont inclinés comme les trapps vers le Nord-Ouest. La puissance des couches de Litten est considérable et s'élève à plusieurs toises, comme on peut l'observer à Karlik sur la rive droite du ruisseau."

Comment se fait-il que M. Lipold ne fasse pas la moindre allusion au phénomène si remarquable, qui frappe tous les yeux sur sa carte?

Nous ne croyons pas nous tromper en pensant, que sa plume a éprouvé une louable retenue, qui a totalement manqué à son pinceau. Ainsi, le silence du texte à ce sujet est très significatif et nous dit éloquemment avec le poëte: *nimium ne crede colori.*

Nous espérons que tous les savans impartiaux suivront ce conseil, en attendant qu'ils puissent se convaincre, soit par une visite sur les lieux, soit par notre carte, nos profils et notre description, que ces simulacres fantastiques ne représentent nullement la réalité des faits matériels.

B. Outre la répétition symétrique et inverse des couches, les plis présentent encore, dans le cas qui nous occupe, d'autres conditions essentiellement inhérentes à leur existence.

Considérons la section idéale **MN** d'une localité quelconque, où M. Lipold suppose ses plis (fig. 2).

Les formations des schistes à Graptolites et des trapps, soit à la fois coexistantes, dans une même enclave, soit représentées seulement par l'une quelconque d'entre elles, caractérisent essentiellement par leur *présence* la masse centrale de chacun des deux plis synclinaux x et y, puisque c'est cette présence elle même qui a donné lieu à la conception de ces plis.

Au contraire, *l'absence totale* des schistes à Graptolites et des trapps doit caractériser inévitablement la série des couches centrales 2—1—1—2 des plis anticlinaux yy et xx, puisque les couches de Kosow et de Koenigshof représentées par cette partie centrale, sont définies par M. Lipold comme complétement dépourvues, dans leur constitution naturelle, de trapps et de schistes à Graptolites.

Il est donc de toute évidence, que le seul fait de *l'absence totale* et simultanée des schistes graptolitiques et des trapps dans une série de couches quelconque, suffit pour rendre imaginaire la supposition, que ces couches représentent un pli synclinal des quatre formations qui nous occupent.

Il est tout aussi évident, que la *présence* des schistes à Graptolites et des trapps dans une série quelconque de couches, suffit pour rendre imaginaire la supposition, que ces couches représentent les formations centrales 2—1—1—2 d'un pli anticlinal, des quatre formations en question, c. à d. représentent les couches de Kosow et de Koenigshof.

Comme les plis synclinaux x et y ne peuvent exister sans la coexistence des plis anticlinaux correspondans, yy et xx, il est encore évident, que là où ces plis anticlinaux yy et xx sont démontrés imaginaires, par la *présence* des schistes à Graptolites ou des trapps, dans les couches centrales par lesquelles ils sont supposés représentés, les plis synclinaux x et y s'évanouissent en même temps.

Or, les séries de couches que M. Lipold indique comme représentant ses plis anticlinaux yy et xx renferment réellement des enclaves, qui paraissent avoir échappé à l'attention de ce géologue en chef. Nous allons les signaler.

1. En ce qui concerne le pli anticlinal yy, nous citerons la localité de Czernoschitz, comme offrant des enclaves de trapp, dans l'espace très étroit qui est assigné à ce pli, sur la carte et sur le profil *HJ* de M. Lipold.

En effet, dans l'intervalle d'environ 60 à 80 mètres, qui sépare la petite enclave indiquée comme représentant le pli synclinal x de l'enclave la plus voisine, représentant le pli synclinal y, il existe deux autres enclaves de trapp, qui ne sont inférieures à l'enclave du pli x, sous aucun rapport.

Nous devons faire observer au lecteur, que cette petite enclave x, relativement placée au Sud-Est des deux plus grandes, est presque effacée sur la carte de M. Lipold, tandis-qu'elle est distincte sur le profil correspondant *HJ*, et sur le calque de 1860.

Outre les deux enclaves comprises dans les couches constituant le pli anticlinal yy, il en existe deux autres, dans la formation que M. Lipold indique comme représentant la masse normale des schistes de Koenigshof, zz.

De plus, il nous semble, d'après nos anciens documens, que les deux enclaves principales de M. Lipold, assignées à son pli synclinal y ne sont pas réellement sur un même horizon géologique. Par conséquent, si l'une doit représenter le pli y, l'autre retombe nécessairement, soit dans le pli anticlinal yy, soit dans le pli xx. Nous discuterons cette question, s'il y a lieu, dans la description détaillée de ce groupe très-important.

En somme, dans un espace de quelques centaines de mètres au Nord et près du village de Ober-Czernoschitz, au lieu de trois enclaves observées par M. Lipold, nous en signalons aujourd'hui jusqu'à sept, qui sont distribuées dans le sens vertical, sur 5 à 6 horizons distincts. Par conséquent, en supposant que notre contradicteur eût connu comme nous ces sept enclaves et eût fait son choix parmi elles, pour représenter ses plis synclinaux x et y, il n'aurait pas pu éviter le désappointement de voir quelques unes d'entre elles rester dans les couches assignées par lui à ses plis anticlinaux *yy* et *xx*, ou bien dans la masse normale *zz* des couches de Koenigshof.

Il est donc constaté, qu'il existe des enclaves dans les couches qui représentent le pli anticlinal *yy* de M. Lipold, près Czernoschitz.

2. En ce qui concerne le pli anticlinal *xx*, nous observons la présence de diverses enclaves dans les couches qui le constituent, en deux localités très remarquables, savoir: près Gross-Kuchel dans notre groupe probatoire, et aux environs de Karlstein.

Près Gross-Kuchel, la coulée *Krejči* dont nous avons révélé l'existence au 25 novembre 1861, est précisement située dans le massif attribué au pli anticlinal *xx*, sur les cartes et profils de M. Lipold.

La manifestation inattendue de cette coulée, dans le voisinage immédiat de nos colonies *Haidinger* et *Krejči*, c. à d. dans le terrain qu'on devait supposer le plus minutieusement étudié par nos contradicteurs, a non seulement relevé l'importance naturelle de cette enclave, mais encore a rendu piquante son introduction dans la science.

Nous annonçons aujourd'hui, non moins à propos, l'existence d'un semblable phénomène, dans la formation représentant le même prétendu pli anticlinal *xx*, aux environs de Karlstein, c. à d. dans la contrée où ce pli se montre le plus développé et en apparence le mieux constitué.

Sur la carte de M. Lipold, le pli anticlinal *xx* est figuré comme naissant au Sud-Ouest de Mnienian, avec une constitution encore incompléte, c. à d. avec une seule nappe de quartzites, accolée à une masse parallèle de schistes de Koenigshof. Mais, ce pli, en approchant de la Béraun, prend ses deux nappes pseudo-régulières de quartzites, enfermant entre elles

les schistes mentionnés. Ces apparences d'un pli de la bande *d 5*, ouvert au sommet par les dénudations, se montrent avec toute leur plénitude, dans l'espace compris entre le moulin de Kluczitz sur la Béraun, et le village de Klein-Moržin. Nous devrions dire plus exactement entre Kluczitz et le petit village nommé *w Chaloupkach;* mais M. Lipold s'étant plu à supprimer ce hameau pour ses convenances, nous indiquons à sa place Klein-Moržin, situé un peu au Nord du pli *xx*.

Or, c'est précisément dans cet espace où le pli anticlinal *xx* se présente avec ses plus belles apparences, que tout géologue non préoccupé, qui se donnera la peine de parcourir le terrain, reconnaîtra aussi bien que nous l'existence du phénomène que nous annonçons, comme jouant dans ce pli anticlinal *xx*, le même rôle que la coulée *Krejči* près Gross-Kuchel.

Ne pouvant présenter en ce moment les profils réguliers des localités signalées, nous nous bornons à ces indications préliminaires, qui sont suffisantes pour le but que nous nous proposons aujourd'hui. Nous les compléterons plus tard par une description détaillée, comme celle de toutes les localités où se trouvent des enclaves.

Afin que nos lecteurs puissent comprendre tout l'à propos de cette nouvelle apparition, aussi inattendue que celle de la coulée *Krejči*, nous devons leur faire savoir, que la masse des quartzites et schistes figurant le prétendu pli anticlinal *xx* dans la contrée de Karlstein, est précisément celle dont la vue a fait naître dans l'esprit de M. Krejči l'idée première des dislocations, destinées à devenir fatales à notre doctrine des colonies. Cette conception ayant été reconnue impuissante pour atteindre le but proposé, a été transformée en 1860, par M. Lipold, en un système de plis.

Ainsi, à la source même où a pris naissance la série de ces conceptions, se trouvait la preuve de leur inanité. Cette preuve ne se présente pas sous une forme fantastique et cachée dans les profondeurs du terrain, comme certains plis figurés sur les profils de M. Lipold. Elle se montre, au contraire, dans la réalité de masses matérielles, qui offrent jusqu'à 50 mètres de largeur et qui sont exposées à la surface du sol, immédiatement sous les yeux et sous les pieds de tous les passans.

Pour que deux explorateurs officiels et successifs n'aient pas même aperçu un phénomène si patent, ne faut-il pas qu'ils aient été aveuglés par leurs préoccupations, ou bien ne faut-il pas supposer de leur part quelque inconcevable négligence?

Une voix très-respectable, mais partant d'une source trop paternelle et trop confiante, a proclamé devant le monde savant, que l'un de ces explorateurs a fait de cette contrée l'objet spécial de ses recherches *continuées durant longues années, avec la plus grande attention*, et que l'autre l'a récemment étudiée en appliquant les *procédés géométriques de la Markscheidekunst, et avec des soins poussés jusqu'aux moindres détails.*

A quoi se réduisent donc de semblables assertions, dont cette voix n'est évidemment que l'écho bienveillant, lorsque nous constatons, que les mêmes négligences se répétent invariablement dans toutes les localités les plus importantes de la zone explorée?

En définitive, il reste constaté que, dans la série des couches indiquées par M. Lipold comme représentant son pli anticlinal *xx*, il existe des enclaves, d'un côté près Gross-Kuchel et de l'autre côté entre Kluczitz et Klein-Moržin.

Le pli anticlinal *xx* est donc en parfaite harmonie avec le pli anticlinal *yy*, pour lequel nous venons de constater le même fait, aux environs de Czernoschitz.

Ainsi, les deux plis anticlinaux *yy* et *xx* de M. Lipold, au lieu d'être caractérisés selon leur essence, par ***l'absence totale*** des schistes à Graptolites et des trapps, renferment l'un et l'autre des enclaves.

Ces deux plis perdent donc à la fois le caractère fondamental et indispensable de leur existence et ils deviennent par conséquent une conception purement imaginaire.

Les deux plis anticlinaux *yy* et *xx* disparaissant, il en résulte nécessairement, que les deux plis synclinaux *x* et *y* à l'existence desquels ils sont indispensables, s'évanouissent en même temps.

Nous avons démontré auparavant dans ce même chapitre, que les prétendus plis de M. Lipold ne satisfont nullement aux conditions de symétrie stratigraphique, qui sont inhérentes à l'existence d'un pli quelconque.

Ainsi, ces épreuves diverses s'accordent à nous montrer, que le systême des plis est incompatible avec la réalité des faits matériels.

Outre les conséquences immédiates que nous venons de formuler, comme découlant des faits exposés dans ce chapitre, nous prions les lecteurs de vouloir bien accorder leur attention aux deux considérations suivantes:

1. L'existence des masses enclavées que nous venons de signaler à Gross-Kuchel, à Czernoschitz, entre Kluczitz et Klein-Moržin, dans les plis anticlinaux *xx* — *yy* et dans la masse normale *zz*, c. à d. dans le centre même des couches de Kosow et de Koenigshof, formations considérées par M. Lipold comme élémentaires et originairement exemptes de toute enclave, démontre non seulement, que les prétendus plis de ce géologue en chef n'existent pas, mais encore, que nos enclaves ou colonies, intercalées dans la bande *d 5*, dérivent de phénomènes qui remontent à l'époque même du dépôt de ces formations. Cette origine est donc complétement indépendante de tout plissement ou dislocation quelconque, qui aurait eu lieu dans notre bassin, depuis les temps siluriens.

2. Il existe une parfaite harmonie entre les faits exposés dans ce chapitre et ceux qui ont été signalés dans le chapitre

précédent. Les uns et les autres nous montrent la présence de fréquentes enclaves de trapps et de schistes à Graptolites dans les formations supérieures de notre étage *D*. Au fond, tous ces faits constituent un grand phénomène unique ou identique, sur tout le périmètre et sur toute la hauteur de notre bande *d 5,* et même sur une partie de la bande *d 4,* immédiatement sous-jacente. Nous avons déjà caractérisé ce phénomène dans les termes suivans:

„Il a existé un antagonisme longtemps prolongé, dans le bassin silurien de la Bohême, entre les causes de stabilité qui protégeaient la faune seconde et les causes de perturbation, qui tendaient à la détruire et à introduire à sa place la faune troisième." *(Colonies. p. 630. 1860.)*

Les colonies ne sont que l'expression paléontologique de cet antagonisme, dont les enclaves, en général, sont l'expression stratigraphique.

M. Lipold reconnaît dans plusieurs passages de son mémoire, que diverses colonies peuvent avoir échappé à ses recherches, soit à cause de son court séjour sur les lieux, soit à cause du mauvais temps, soit à cause des forêts qui couvrent le sol, &c. A la page 16 il s'exprime ainsi sur ce sujet:

„Je ne prétends nullement avoir épuisé tous les phénomènes semblables aux colonies entre Kuchel et Litten, car dans un terrain couvert en partie par le diluvium et en partie par d'épaisses forêts, il est très possible de ne pas apercevoir tel ou tel de ces phénomènes, que le hazard peut faire découvrir plus tard. Seulement, je suis persuadé, que plus on découvrira de colonies dans la contrée en question, outre celles que je vais décrire, plus on obtiendra de points d'appui, uniquement en faveur de l'interprétation qui va être exposée, d'après leurs relations stratigraphiques."

Si nous supposons l'existence de certaines enclaves ou colonies, que les difficultés du terrain ont pu dérober à l'attention du géologue en chef consacrant une courte campagne à les découvrir, nous ne pouvons pas concevoir aisément, comment elles ont pu échapper aux investigations du volontaire si zélé, c. à d. de M. le Prof. Krejči, qui avait auparavant étudié la même contrée, soi-disant *pendant longues années. (Teste* Haidinger. *31 août 1859 Jahrb. k. k. R. A. X. p. 112.)* Ces longues années ont présenté en Bohême assez de jours sereins, pour qu'un observateur put non seulement parcourir le terrain découvert, mais encore pénétrer sous les ombrages des forêts.

Dans aucun cas, les excuses invoquées par M. Lipold, dans le passage que nous venons de traduire, ne peuvent s'appliquer aux enclaves dont nous avons révélé l'existence, soit dans la présente publication, soit dans celle du 25 novembre 1861. En effet, la coulée *Krejči* près Gross-Kuchel et presque toutes les enclaves que nous venons d'indiquer, soit près Czernoschitz, soit entre Kluczitz et Klein-Moržin, sont situées dans un terrain découvert, et sans culture. Elles sont donc toujours accessibles et visibles pour quiconque fait réellement une étude géologique de cette contrée. Nous ajouterons même qu'à Czernoschitz, deux des enclaves non découvertes par M. Lipold, sont tellement situées dans l'espace étroit *yy*, entre les enclaves figurées comme représentant les plis synclinaux *x* et *y*, qu'il a fallu, pour ainsi dire, que ce géologue en chef fermât les yeux pour ne pas les apercevoir.

Quant à l'appui que M. Lipold attend avec tant de confiance en faveur de ses interprétations, de la découverte future de colonies quelconques, les pages précédentes montrent, que ce conseiller aux mines s'est un peu trop laissé flatter par ses espérances.

Nous croyons, au contraire, que les enclaves révélées par nous depuis le 25 novembre 1861 justifient pleinement la manière de voir, que nous avons exprimée à ce sujet, dans les lignes suivantes. (I. p. 29.)

„Remarquons enfin que, parmi les huit enclaves qui ont échappé à cette exploration modèle, il s'en trouve qui occupent, dans la série verticale des formations, une position que nous nous plaisons à nommer providentielle, tant cette situation jette de lumière sur la véritable nature des colonies *Haidinger* et *Krejči*. Ainsi, nous pourrions dire que M. Lipold, en manquant de découvrir ces enclaves, à réellement manqué le grand chemin de la lumière et de la vérité."

En géologie, comme dans toutes les connaissances humaines, la maxime du grand penseur La Rochefoucauld restera toujours vraie:

Pour bien savoir une chose, il faut en savoir les détails.

CHAPITRE V.

Résumé. — Conclusions.

Naturellement disposé à reconnaître un bon côté à chaque chose, dans ce bas monde, et surtout aux contradictions scientifiques, nous voulons consacrer ces dernières pages à faire ressortir les bons effets produits par la mission de M. Lipold en Bohême, soit en faveur de nos travaux, en général, soit même à l'avantage de notre doctrine des colonies, en particulier.

1. Voilà bientôt 16 ans que nous avons publié le résultat sommaire de nos études géologiques, c. à d. la classification des formations de notre bassin. Bien que deux géologues éminens et les plus compétens en cette matière, Sir Rodérick Murchison et M. Ed. de Verneuil, après une sérieuse visite du terrain, aient donné depuis longtemps leur haute approbation à ce travail, certaines personnes semblaient attendre, pour lui accorder leur confiance, qu'il fût soumis au contrôle

des géologues officiels qui, comme M. Lipold, se font un louable devoir de ne pas jurer *in verba magistri*.

Si nous eussions pu concevoir la plus légère appréhension, qu'un dissentiment quelconque s'élevât à ce sujet, entre les opinions de la géologie officielle et les nôtres, M. Lipold vient de nous en affranchir complétement, en reconnaissant l'exactitude de notre classification. En effet, ce haut dignitaire de la science, en se bornant modestement à superposer un nom plus sonore à chacune des notations alphabétiques de nos étages et subdivisions, a bien voulu nous faire l'honneur de transmettre ainsi notre ouvrage à la postérité, par la voie la plus authentique, c. à d. par la voie des annales impériales de la géologie autrichienne.

Nous ne saurions attribuer à une faveur personnelle cet assentiment de M. Lipold à nos vues géologiques, puisque la coïncidence de ses observations avec les nôtres résulte évidemment de la force des choses et de la seule influence de la réalité. Cependant, nous nous faisons un agréable devoir de reconnaître, dans la forme que ce géologue en chef a donnée à ses jugemens sur nos études, soit stratigraphiques, soit paléontologiques, une appréciation favorable et dont les expressions dépassent de beaucoup nos faibles mérites et notre ambition.

Pour bien concevoir tout le prix que nous devons attacher à cet assentiment officiel, il faut savoir combien la science de source *montanistique* accorde difficilement son adhésion aux travaux des simples observateurs qui, comme nous, n'ont pas étudié à son école et qui n'ont jamais cassé des pierres que sur le sol, sans la double distinction des marteaux croisés sur la proue et du tablier pendant sur la poupe.

Nous prions donc M. le conseiller aux mines Lipold de vouloir bien agréer à ce sujet la sincère expression de notre gratitude. Nous allons montrer, qu'il n'a pas moins de droits à ce même sentiment de notre part, à l'occasion de la question spéciale des colonies.

2. Pour son début dans la question des colonies, M. Lipold établit comme base fondamentale de sa doctrine que, dans notre bande *d 5*, il n'existe en position normale, aucune enclave de trapps, semblables aux trapps de notre étage *E*. Puis, il a l'heureuse idée d'aller au loin, sur le bord Nord-Ouest du grand massif calcaire, à l'effet de choisir au mont Kosow et à Koenigshof les types des formations composant notre bande *d 5*. L'ami le plus dévoué à nos idées n'aurait jamais pu faire un choix plus à propos pour nous. En effet, ce choix nous fournit l'occasion de démontrer que, non seulement les localités typiques, mais encore toute la région voisine présentent une série de trapps, régulièrement intercalés dans la bande *d 5*, alternant plusieurs fois avec ses schistes, sur une grande étendue de terrain et semblables par leur nature aux trapps de notre étage *E*. Nous prions le lecteur de relire à ce sujet le résumé qui termine notre chapitre III, et qui expose les conséquences de ce fait, en faveur de notre doctrine.

Muni de ces types si bien choisis, M. Lipold revient sur le bord Sud-Ouest du bassin calcaire, c. à d. sur la zone des colonies. Là, démêlant au premier coup d'oeil les effets des révolutions physiques, il nous montre dans ses plis synclinaux *x* et *y* les lambeaux de notre étage *E*, renfermés sous l'apparence d'enclaves ou colonies, entre les couches reployées de notre bande *d 5*. En même temps, il nous trace sur sa carte, la surface réservée à ses plis anticlinaux *xx* et *yy*, comme aussi la place occupée par la masse normale *zz* de la même bande, en nous disant, à peu près dans ces termes :

„Les couches qui constituent la partie centrale de ces deux plis anticlinaux *xx* et *yy* et toute cette masse *zz*, sont les vraies couches de Kosow, et les vraies couches de Koenigshof. En un mot, ce sont les formations élémentaires de la bande *d 5*, restées dans leur pureté primitive, et exemptes de toute intercalation quelconque des roches de l'étage *E*."

Au moment où cet explorateur officiel termine l'exposition de sa doctrine, nous le rappelons sur le terrain, dont il vient de nous dessiner si nettement tous les traits, en lui répondant:

„Maître, vous allez vraiment un peu trop vîte, et vous semblez même parfois fermer les yeux en marchant. Après cette première course si rapide, vous nous montrez sur le terrain que nous parcourons depuis plus de 25 ans, des faits d'apparence merveilleuse, que nous avouons franchement n'avoir jamais vus et que nous désespérons de jamais voir; vous devinez pourquoi.

„Revenez sur vos pas et permettez nous de vous indiquer, à notre tour, quelques faits simples et d'apparence vulgaire, que vous n'avez pas aperçus, mais que nous avons vus et que vous êtes certain de retrouver, quand vous le voudrez.

„Revenez à Gross-Kuchel, où vous verrez nos deux colonies *Haidinger* et *Krejči* accompagnées d'une troisième enclave, qui a échappé à vos regards, sur le grand chemin.

„Revenez à Czernoschitz, où vous pourrez compter les sept enclaves de notre groupe des *Pléaïdes*, dont vous n'avez vu que trois, comme par préférence.

„Revenez dans la contrée de Karlstein, entre Kluczitz et Klein-Moržin, pour voir et fouler sous vos pieds ces masses enclavées, dont vous n'avez pas soupçonné l'existence et qui font disparaître les prestiges entourant le berceau des systêmes anti-coloniaux.

„Revenez près de Litten, pour reconnaître la *véritable* position des trapps, sous ce pittoresque cimetière des juifs, qu'on cherche envain sur votre carte.

„Revenez à Neswaczil, &c. &c.

„Dans toutes ces localités, vous constaterez très aisément, que vos couches les plus pures de Kosow, que vos couches les plus intactes des Koenigshof, jusques dans le centre virginal de vos plis anticlinaux xx — yy et jusques dans la masse normale zz de la bande d 5, renferment des enclaves semblables à celles que vous nous définissez comme des lambeaux de l'étage E, enveloppés entre les nappes de vos plis synclinaux x et y, c. à d. des enclaves semblables à celles qui constituent nos colonies.

„De ces faits vous conclurez tôt ou tard comme nous, que ces enclaves quelconques constituent des phénomènes contemporains du dépôt des formations de la bande d 5 et indépendans de tout pli ou dislocation de date postérieure."

Si M. Lipold juge à propos de revenir sur notre terrain, en prenant le temps de bien voir ce qu'il n'a pas vu, et ce qu'il n'a pas assez vu, il reconnaîtra comme nous, que les perturbations du sol qu'il a si largement généralisées, sont des accidens locaux et restreints, dérivant d'un ordre de phénomènes tout différens de ceux qui ont donné naissance aux colonies. Alors ses plis de 23,000 mètres de longueur s'évanouiront à ses yeux comme aux nôtres.

Mais, nos lecteurs remarqueront, que si M. Lipold n'avait pas déjà rempli sa haute mission en Bohême; s'il n'avait pas défini d'une manière si précise ses couches de Kosow et ses couches de Koenigshof; s'il n'avait pas publié une carte spéciale et officielle, pour fixer exactement la surface occupée par ces formations élémentaires, nous n'aurions pas eu la possibilité de lui soumettre, en termes si concis et si intelligibles, les faits nouveaux que nous lui révélons aujourd'hui. Ces faits seraient donc restés peut-être encore longtemps en notre connaissance privée, sans manifester toute leur valeur scientifique, dans la question débattue.

Ainsi, nous devons à M. Lipold et nous nous empressons de lui témoigner hautement notre sincère gratitude, pour nous avoir si généreusement fourni les précieuses et officielles données stratigraphiques, qui ont préparé une solution si simple des débats au sujet du problême des colonies.

Ainsi, malgré ses graves imperfections, signalées ci-dessus, la carte de M. Lipold devient pour nous un document réellement parfait, sous le rapport le plus important. Nous avons donc déjà sollicité pour nous un tirage à part de 500 exemplaires de cette carte, afin de pouvoir les offrir à nos savans lecteurs. Nous espérons les obtenir, grâce à la protection du respectable directeur Haidinger, à qui nous offrons d'avance tous nos remercîmens à ce sujet.

3. Avant de terminer, nous devons faire publiquement un juste et sévère retour sur nous même, en confessant, que si nous eussions publié il y a quinze à vingt ans, nos premières vues, nous aurions aujourd'hui à solliciter auprès des savans la même indulgence, que nous sommes le premier à réclamer pour les vues de nos contradicteurs. En effet, en repassant dans nos notes et dans notre mémoire les variations progressives de nos idées, à l'égard de la question agitée, nous reconnaissons, que les conceptions combattues par nous en ce moment, ne sont autre chose que certaines phases anciennes de nos propres illusions.

Oui, nous l'avons déjà dit, sous la pression dogmatique de quelques lois préconçues de la géologie, nous nous sommes évertué, durant longues années, à interpréter nos enclaves par l'effet des révolutions ou par des combinaisons physiques, plus ou moins semblables à celles qu'imaginent M. M. Lipold et Krejči. Le temps, la réflexion et surtout les observations répétées sur le terrain, à de longs intervalles, nous ont lentement amené à la doctrine des colonies, la seule qui satisfait à toutes les données du problême.

Si nos contradicteurs sont uniquement sous l'empire des mêmes préoccupations, qui ont aveuglé si longtemps notre intelligence; s'ils veulent prendre en sérieuse et impartiale considération les faits qui ont échappé à leurs explorations, évidemment trop rapides et trop insuffisantes, ils n'auront pas besoin comme nous de longues et laborieuses années, pour arriver à nos convictions.

Dès le jour où ils nous diront: *nous voyons maintenant comme vous*, et ce jour sera peut-être demain, nous nous estimerons heureux de pouvoir immédiatement ensevelir leurs erreurs dans les profondes oubliettes du silence, où nous nous efforçons tous les jours de faire disparaître les traces et jusqu'aux souvenirs de nos propres erreurs.

Dans sa communication du 7 janvier 1862, à l'Institut géologique, au sujet de notre *Défense des colonies*, M. le directeur Haidinger s'adressant nominativement à nous et ensuite à tous les amis et protecteurs de la science en Autriche, s'exprime ainsi: *(Jahrb. k. k. R. A. XII. p. 150.)*

„Nous resterons en place jusqu'à ce que nous ayons victorieusement chassé du champ de bataille toute *embuscade (Hinterhalt)* que M. Barrande pourrait y amener, ou bien jusqu'à ce que, dans le cas contraire, nous ayons reconnu ses colonies comme parfaitement justifiées, suivant ses propres vues."

Dans ce passage si solemnel, c'est notre expression *Réserves*, qui est traduite par le mot allemand *Hinterhalt*, signifiant habituellement une *embuscade*.

Cette traduction, vraiment libre, a simplement excité notre hilarité. Nous la considérons comme ce qu'on nomme familièrement une *petite malice* et nous l'attribuons naturellement au zèle juvénil de quelque secrétaire ou *concipist*, nouvellement enrôlé dans la chancellerie géologique.

Le respectable conseiller aulique Haidinger connaissant aussi bien que nous la langue française, n'aurait jamais songé à traduire par le mot *Hinterhalt* l'expression de *Réserves*, usitée dans toutes les langues. D'ailleurs, celui qui croit avoir à sa disposition des armes puissantes, ou de redoutables argumens contre nos colonies, aurait dédaigné de nous lancer, en dépit de tous les dictionnaires, un trait de plume si léger.

Tout le monde remarquera, en lisant le passage traduit ci-dessus, que malgré l'annonce obligée de ses victoires futures et jusqu'ici très problématiques, le respectable chef de l'Institut géologique laisse cependant entrevoir une chance ouverte à la reconnaissance finale de nos colonies, comme nous les entendons.

Cette sage réserve *(non Hinterhalt)* nous montre suffisamment, que les convictions inspirées au respectable directeur par les assertions de M. Lipold, ne lui paraissent pas absolument inébranlables, dans son for intérieur. Il nous semble aussi que là, dans ce sanctuaire de la loyauté, il existe des intelligences en faveur de notre doctrine, car nous venons de relire la lettre que M. Haidinger nous a adressée le 31 octobre 1860 et dont nous avons cité des passages dans notre *Défense des colonies*, entr'autres le suivant: (I. p. 28.)

„Quoique le point principal, la nature des vraies colonies, reste trop bien établi pour pouvoir être encore attaqué, il y a néammoins beaucoup d'importance à étudier tout ce qui se présentait sous forme apparente de colonie."

Nous reproduisons donc encore une fois les expressions sincères de notre confiance, comme au 25 novembre 1861.

„Nous sommes convaincu, que le respectable directeur de l'Institut impérial, averti par notre voix, ne tardera pas à revenir de ses illusions et à prendre une de ces nobles et courageuses résolutions, dont il nous a déjà donné plusieurs exemples et qui seules conviennent à sa droiture innée et à la dignité de sa haute position." *(Ibid. p. 19.)*

Oui, nous espérons qu'après avoir fait vérifier sur les lieux, s'il le juge à propos, l'existence des enclaves aujourd'hui signalées par nous et qui démontrent à la fois, que les plis conçus par M. Lipold sont incompatibles avec les faits matériels et que nos colonies sont indépendantes de tout plissement et de toute dislocation quelconque, notre illustre et vénérable ami Haidinger nous tendra cordialement la main, en nous répétant d'une manière simple, noble et, en un mot, digne de lui, ces paroles que sa plume a déjà gravées dans l'histoire de la science:

„*Vos colonies ont glorieusement gagné du terrain.*"

Prague, 11 février 1862.

J. BARRANDE.

J. Barran

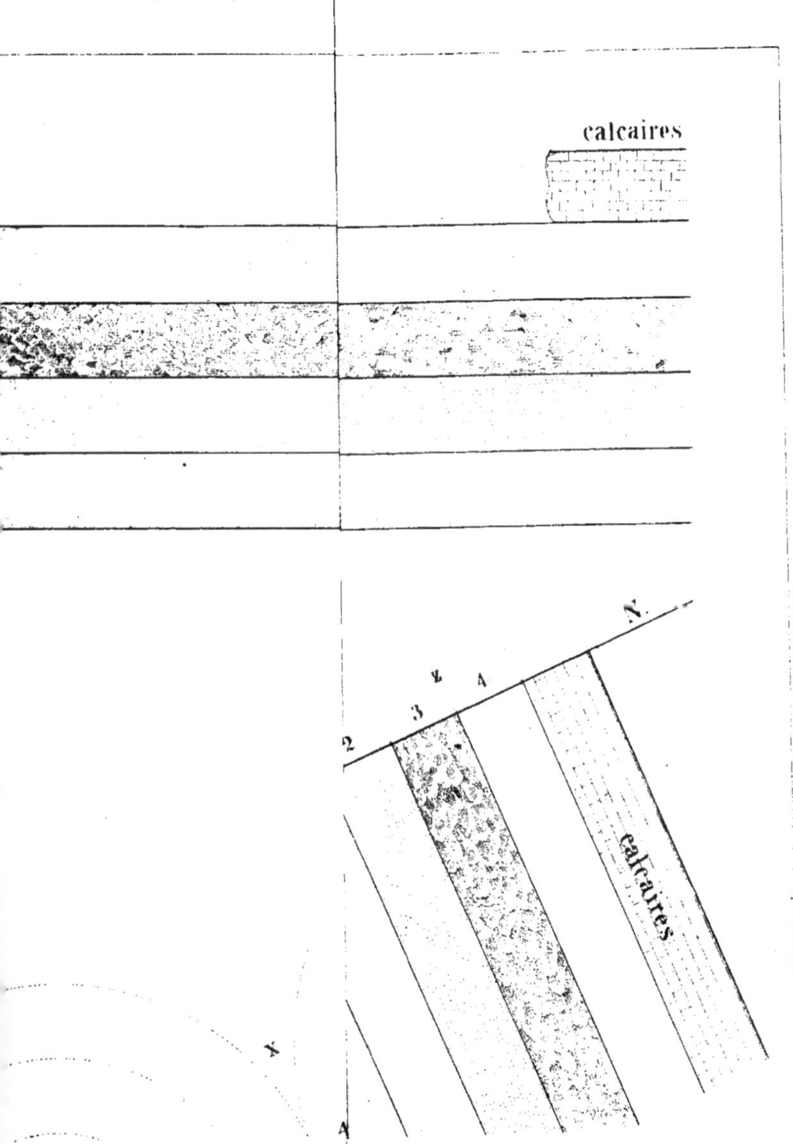

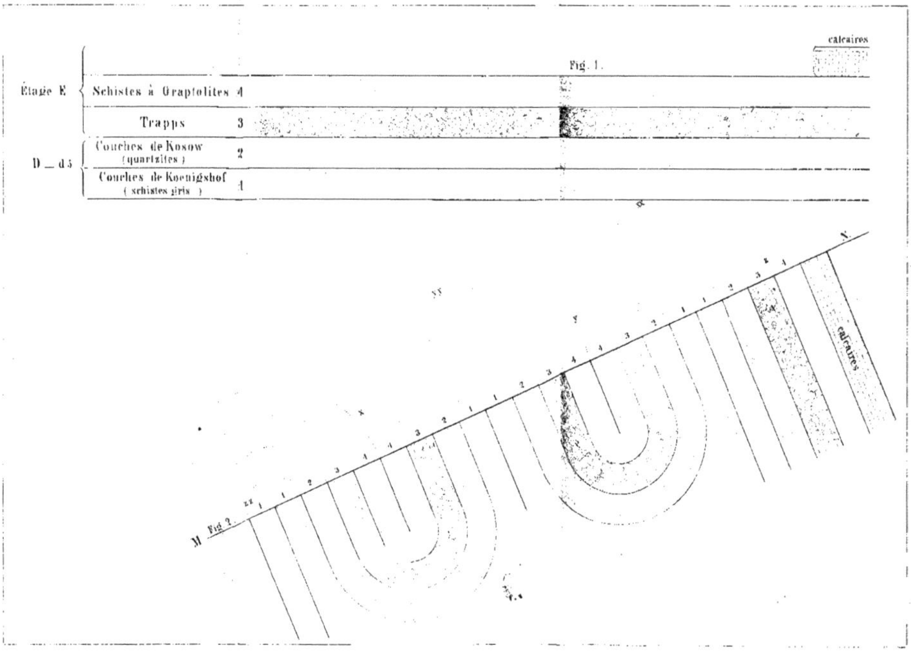

J. Barrande. — Défense des colonies II.

Fig. 1.

calcaires

Étage E { Schistes à Graptolites 4
Trapps 3

D — d 5 { Couches de Kosow (quartzites) 2
Couches de Koenigshof (schistes gris) 1

M Fig. 2. N.

calcaires

IMPRIMERIE DE CHARLES BELLMANN À PRAGUE.

www.ingramcontent.com/pod-product-compliance
Ingram Content Group UK Ltd.
Pitfield, Milton Keynes, MK11 3LW, UK
UKHW021635260726
13994UKWH00003B/1199